T0194678

essentials

essentials liefern aktuelles Wissen in konzentrierter Form. Die Essenz dessen, worauf es als „State-of-the-Art" in der gegenwärtigen Fachdiskussion oder in der Praxis ankommt. *essentials* informieren schnell, unkompliziert und verständlich

- als Einführung in ein aktuelles Thema aus Ihrem Fachgebiet
- als Einstieg in ein für Sie noch unbekanntes Themenfeld
- als Einblick, um zum Thema mitreden zu können

Die Bücher in elektronischer und gedruckter Form bringen das Expertenwissen von Springer-Fachautoren kompakt zur Darstellung. Sie sind besonders für die Nutzung als eBook auf Tablet-PCs, eBook-Readern und Smartphones geeignet. *essentials:* Wissensbausteine aus den Wirtschafts-, Sozial- und Geisteswissenschaften, aus Technik und Naturwissenschaften sowie aus Medizin, Psychologie und Gesundheitsberufen. Von renommierten Autoren aller Springer-Verlagsmarken.

Weitere Bände in der Reihe http://www.springer.com/series/13088

Robert Trierweiler

Staub
Natürliche Quellen und Mengen

Robert Trierweiler
Trier, Deutschland

ISSN 2197-6708   ISSN 2197-6716   (electronic)
essentials
ISBN 978-3-658-31550-4   ISBN 978-3-658-31551-1   (eBook)
https://doi.org/10.1007/978-3-658-31551-1

Die Deutsche Nationalbibliothek verzeichnet diese Publikation in der Deutschen Nationalbibliografie; detaillierte bibliografische Daten sind im Internet über http://dnb.d-nb.de abrufbar.

Planung/Lektorat: Daniel Fröhlich
Springer Vieweg ist ein Imprint der eingetragenen Gesellschaft Springer Fachmedien Wiesbaden GmbH und ist ein Teil von Springer Nature.
Die Anschrift der Gesellschaft ist: Abraham-Lincoln-Str. 46, 65189 Wiesbaden, Germany

Was Sie in diesem *essential* finden können

In dieser Ausgabe der *essentials*-Reihe erwartet Sie eine Einführung in das Thema Staub. Es wird erklärt was Staub ist und wie Staub auf natürliche Art entsteht. Es werden verschiedene Schätzwerte zu den Emissionsmengen aufgeführt.

Danksagung

Es gibt einige Menschen, denen ich danken möchte. Mein Dank gilt bei Herrn Prof. Dr.-Ing. Torsten Reindorf, der mir die Möglichkeit gab dieses Werk über Staub zu verfassen. Mein Dank gilt außerdem Herrn Peter Thijs, Herrn Tobias Rümmele und Herrn Christoph Rieff für ihre kritische Korrektur. Weiter bedanke ich mich bei allen Menschen, die mich während der Entstehung dieses Werkes motiviert haben (D.G.).

Dem Sachgebiet Glas und Keramik der Verwaltungs-Berufsgenossenschaft (VBG) sowie der Eidgenössischen Kommission für Lufthygiene (EKL) möchte ich für die Genehmigung zur Verwendung der Abbildungen ebenfalls meinen Dank kundgeben.

Herzlich bedanken möchte ich mich bei den Angestellten der Bibliothek der Hochschule Trier am Standort Schneidershof für die Unterstützung bei der intensiven Recherchearbeit.

Inhaltsverzeichnis

1	**Einleitung**.	1
2	**Definitionen**	3
	2.1 Staub	3
	2.1.1 Primärstaub	4
	2.1.2 Sekundärstaub	4
	2.1.3 Schwebstaub/Staubniederschlag/Deposition	6
	2.1.4 Organisch/Anorganisch	7
	2.1.5 Anthropogen/Natürlich/Biogen	8
	2.1.6 Troposphärisch/Stratosphärisch.	9
	2.1.7 Kosmisch/Terrestrisch	9
	2.2 Partikelgrößenverteilung	10
	2.2.1 DIN EN 481	11
	2.2.2 Environmental Protection Agency	12
3	**Entstehung von Primärstaub und natürliche**	
	Primärstaubquellen	13
	3.1 Entstehung von Primärstaub	13
	3.1.1 Mineralischer Staub	14
	3.1.2 Meersalzpartikel.	15
	3.1.3 Staub aus Verbrennungsprozessen	18
	3.1.4 Biogener Staub.	19
	3.2 Natürliche Primärstaubquellen.	19
	3.2.1 Böden.	19
	3.2.2 Ozeane	19
	3.2.3 Flora und Fauna	19
	3.2.4 Vegetationsbrände	20

3.2.5   Vulkane   20
3.2.6   Kosmischer Staub.   21

4   Entstehung von Sekundärstaub und natürliche Präkursoren   23
4.1   Entstehung von Sekundärstaub   23
4.1.1   Prozesse der Sekundärstaubentstehung   24
4.1.2   Mechanismen der Sekundärstaubentstehung   28
4.2   Natürliche Präkursoren   33
4.2.1   Schwefelverbindungen.   33
4.2.2   Stickstoffverbindungen   35
4.2.3   Flüchtige organische Verbindungen (VOC)   37
4.2.4   Chlor.   40

5   Natürliche Staubmengen   41
5.1   Natürliche Primärstaubmengen   42
5.2   Natürliche Sekundärstaubmengen und Präkursorenmengen   42
5.3   Zusammenfassung   60

6   Fazit   65

Literatur.   69

Abbildungsverzeichnis

Abb. 2.1 Größenbereiche von Aerosolpartikeln 5
Abb. 2.2 Teilchengrößenverteilung nach DIN EN 481 [VBG] 11
Abb. 3.1 Entstehung von Film- und Strahltropfen 16
Abb. 4.1 Vereinfachte Darstellung der Größenverteilung
          des atmosphärischen Aerosols in Quellnähe
          und der wichtigsten Prozesse [EKL] 25

Tabellenverzeichnis

Tab. 5.1   Mineralischer Staub 43
Tab. 5.2   Vegetationsbrände 46
Tab. 5.3   Meersalzpartikel 47
Tab. 5.4   Vulkane 49
Tab. 5.5   Kosmischer Staub 50
Tab. 5.6   Biogenes Material 51
Tab. 5.7   Natürliche Emissionen von Schwefelverbindungen
            und H_2S 51
Tab. 5.8   Sekundärpartikel aus natürlichen Emissionen
            von Schwefelverbindungen und H_2S 54
Tab. 5.9   Natürliche Emissionen von Stickstoffverbindungen,
            NH_4, NH_3 und NO_X 55
Tab. 5.10   Sekundärpartikel aus natürlichen Emissionen von
            Stickstoffverbindungen und NH_3 57
Tab. 5.11   Natürliche Emissionen von flüchtigen organischen
            Verbindungen (VOC) 58
Tab. 5.12   Sekundärpartikel aus natürlichen Emissionen
            von flüchtigen Kohlenwasserstoffen (VOC) 61
Tab. 5.13   Übersicht Primärstaubmengen 61
Tab. 5.14   Übersicht Sekundärstaubmengen 62
Tab. 5.15   Natürliche Staubmengen 62
Tab. 5.16   Natürliche Präkursorenmengen 63

Einleitung 1

Staub ist in der Luft allgegenwärtig, egal ob in geschlossenen Räumen oder in der freien Natur. Der Begriff Staub bezeichnet allgemein kleine Partikel, die in Luft dispergiert sind, wobei der Durchmesser der Partikel in der Regel kleiner ist als der Durchmesser eines menschlichen Haares. Teilweise sind die Partikel so klein, dass sie eingeatmet werden können und sogar die Lungen-Blut-Schranke überwinden, wie es z. B. bei einigen Bestandteilen von Zigarettenrauch der Fall ist. Staub spielt eine zentrale Rolle bei der Kondensation von Wasserdampf in der Atmosphäre. Daneben bieten Staubteilchen in Wolken Reaktionsoberflächen für chemische Reaktionen, wodurch der pH-Wert des Regens und somit indirekt auch der pH-Wert des Bodens beeinflusst wird, was wiederum Folgen für Flora und Fauna hat. Dabei hat Staub nicht nur Auswirkungen auf Lebewesen, sondern auch auf das globale Klima: Die feinen Partikel reflektieren Strahlung und sind ein nicht zu unterschätzender Faktor des Treibhauseffektes. Doch Staub hat nicht nur negative Einflüsse auf die Umwelt, sondern liefert wichtige Nährstoffe, bspw. in Form von fein erodierten Gesteinsmehlen, die Böden anreichern.

Staubquellen kann man grundsätzlich in zwei verschiedene Kategorien einteilen: anthropogene und natürliche Staubquellen. In Analogie zur Diskussion um den anthropogenen Anteil an der Steigerung der atmosphärischen Kohlenstoffdioxidkonzentration, hat auch die Frage nach dem anthropogenen Anteil an den globalen Staubemissionen an Bedeutung gewonnen und ist weiter in das Bewusstsein der Menschheit gerückt. Teilweise wird durch technische Maßnahmen versucht, die anthropogenen Staubemissionen zu reduzieren, wohingegen die natürlichen Staubemissionen unkontrollierbar sind.

Das Thema dieses Essentials sind die natürlichen Staubquellen und die Mengen ihrer Emissionen. Um das Thema zu eröffnen, werden zunächst wichtige

Begriffe definiert. Danach werden verschiedene Entstehungsmechanismen von Staubpartikeln erklärt und die wichtigsten natürlichen Staubemittenten werden identifiziert, um im weiteren Verlauf Angaben zu den emittierten Staubmengen der einzelnen Quellen zusammenzutragen. Dabei werden Schätzungen zu den Emissionsmengen aufgelistet und die von den Autoren getroffenen Annahmen analysiert. Zum Abschluss wird ein Fazit gezogen.

Definitionen

2

In diesem Kapitel wird der Begriff „Staub" definiert. Dabei werden verschiedene Staubarten z. B. aufgrund ihres Ursprungs oder ihrer Zusammensetzung voneinander abgegrenzt. Außerdem werden zwei verschiedene Klassifizierungsmethoden für die Einteilung von Staub anhand der Partikelgröße beschrieben.

2.1 Staub

„Es existieren Begriffe wie Rauch (feste Teilchen aus Verbrennungsprozessen), Nebel (flüssige Teilchen) und Staub (Teilchendurchmesser >10 µm), die zur Klassifizierung disperser Systeme benutzt werden. Eine klare Abgrenzung zwischen diesen Begriffen ist nicht möglich, weil eindeutige Definitionen fehlen, jedoch stellt die Bezeichnung Aerosol den Oberbegriff dar."[1] Staub wird den aerokolloidalen Systemen zugeordnet.[2]

Da im weiteren Verlauf dieser Arbeit Staub in Form von verschiedenen atmosphärischen Partikeln betrachtet wird, wird die folgende Definition verwendet: Staub ist „ein komplexes, heterogenes Gemisch aus festen bzw. flüssigen Teilchen, die sich hinsichtlich ihrer Größe, Form, Farbe, chemischen Zusammensetzung, physikalischen Eigenschaften und ihrer Herkunft bzw. Entstehung unterscheiden."[3]

---

[1]DREYHAUPT: S. 84, Abs. 1.
[2]HIDY/BROCKS: Kap. 1A, S. 3, Abs. 5.
[3]ÖSTERREICHISCHES UMWELTBUNDESAMT: Abs. 1.

© Der/die Herausgeber bzw. der/die Autor(en), exklusiv lizenziert durch
Springer Fachmedien Wiesbaden GmbH, ein Teil von Springer Nature 2020
R. Trierweiler, *Staub,* essentials, https://doi.org/10.1007/978-3-658-31551-1_2

Die gesamte Masse einer Staubmenge wird als „Total Suspended Particels"
(kurz TSP) oder „Suspended Particulate Matter" (kurz SPM) bezeichnet und
umfasst alle von Luft umgebenen Partikel in einem bestimmten Luftvolumen.[4]
Angaben zur „Lebensdauer" von Staubpartikeln sind nur sehr schwer zu
treffen, da manche Partikel ihre Identität – d. h. ihre ursprünglichen chemischen
und physikalischen Eigenschaften – verlieren, ohne aus der Atmosphäre entfernt
zu werden. Dies betrifft vor allem die kleinsten Partikel. Materie, die in Form von
Staubpartikeln in die Atmosphäre gelangt oder in der Atmosphäre zu Partikeln
transformiert wird, kann dort für eine gewisse Zeit verweilen, wobei sich die
Zeitspanne von einigen Minuten oder Tagen für Partikel in Bodennähe bis zu
einigen Jahren für stratosphärische Partikel erstreckt.[5]

In Abb. 2.1 sind die Größenbereiche verschiedener Aerosolpartikel aufgeführt.[6] Um die Partikelgröße einordnen zu können, sind auch Größenbereiche
anderer Objekte wie bspw. der Durchmesser eines menschlichen Haares oder die
Wellenlängen elektromagnetischer Strahlen aufgeführt.

2.1.1 Primärstaub

Unter Primärstaub versteht man direkt in die Atmosphäre eingetragene sog.
Primärpartikel. Die Partikel können aus unterschiedlichen Quellen stammen,
wie z. B. aus der Zerkleinerung von festen oder flüssigen Stoffen. Diesen Entstehungsmechanismus bezeichnet man auch als Bulk-to-Particle-Conversion.[7]

2.1.2 Sekundärstaub

Unter der sekundären Entstehung von Staub versteht man die Gas-to-Particle-
Conversion, bei der aus Gasen durch chemische oder physikalische Reaktionen
in der Atmosphäre feste oder flüssige Partikel aus kondensierbaren oder

---

[4]EUROPEAN ENVIRONMENT AGENCY: Abschn. 6.4.3, Abs. 1.
[5]THE ROYAL SWEDISH ACADEMY OF SCIENCE AND THE ROYAL SWEDISH
ACADEMY OF ENGINEERING SCIENCES: Abschn. 8.2, S. 188, Abs. 1.
[6]Nach HINDS.
[7]TUCKERMANN: S. 7.

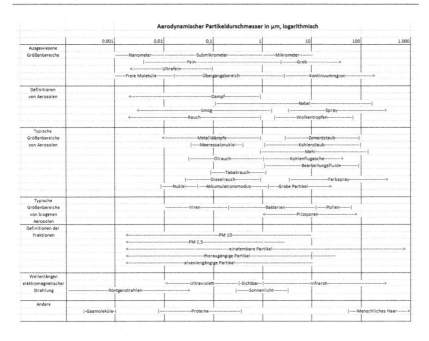

Abb. 2.1 Größenbereiche von Aerosolpartikeln

sublimierbaren Stoffen oder Stoffgemischen gebildet werden.[8,9] „Durchlaufen Primärpartikel in der Atmosphäre Umwandlungsprozesse, die ihre chemischen und physikalischen Eigenschaften verändern oder werden gar aus Vorläufergasen neue Partikel gebildet, spricht man von Sekundärpartikeln."[10] Die Vorläuferstoffe werden als Präkursoren bezeichnet.[11] Die chemische Zusammensetzung von atmosphärischen Aerosolen wird durch die relative Luftfeuchtigkeit beeinflusst.[12] In der Atmosphäre findet die Gas-to-Particle-Conversion auch in nichtpräzipitierenden[13] Wolken statt. Durch Oxidation von Gasen, die in Wasser gelöst

---

[8]DREYHAUPT: S. 84, Abs. 1.

[9]WARNECK: Abschn. 7.4.3, S. 383, Abs. 1.

[10]VRAGL: Kap. 1, S. 6, Abs. 3.

[11]GUDERIAN: Abschn. 1.2, S. 47, Abs. 4.

[12]BAUMBACH: Abschn. 3.2.6, S. 95, Abs. 4.

[13]Präzipitieren = Ausscheidung eines gelösten Stoffes aus einer Flüssigkeit (Fällung).

sind, können nicht-flüchtige Produkte entstehen, die in der Wolke suspendiert
bleiben und durch Niederschlag depositioniert werden. Die bekannteste Reaktion
der sekundären Partikelentstehung ist die Oxidation von SO_2 zu H_2SO_4 in
der wässrigen Wolkenphase und dessen Neutralisation durch Ammoniak zu
Sulfatsalzen.[14,15]

2.1.3 Schwebstaub/Staubniederschlag/Deposition

Man unterscheidet Schwebstaub und Staubniederschlag, wobei Schwebstaub
eine Partikelfraktion bezeichnet, die „in der Atmosphäre quasistabil und quasi-
homogen dispergiert ist und somit zumindest für einen Zeitraum in der Schwebe
bleibt."[16] Schwebstaub ist „nicht exakt definiert und hinsichtlich Konzentration,
Partikelgrößenverteilung und stofflicher Zusammensetzung zeitlichen und ört-
lichen Schwankungen"[17] unterlegen.

Dahingegen ist Staubniederschlag „definiert als luftfremde Stoffe in festem
und flüssigem Aggregatzustand ohne deren Wasseranteil, die in einer bestimmten
Zeit aus der Atmosphäre auf eine horizontale Fläche in Erdbodennähe fallen. Die
Teilchengrößen-Bereiche der so erfassten Partikel sind nicht näher bestimmbar
und hängen in komplizierter Weise von vielen äußeren Bedingungen ab."[18] „Dis-
pergierende Kräfte wie z. B. Strömungskräfte, die durch turbulente Bewegungen
des Gases hervorgerufen werden, verzögern bzw. verhindern den natürlichen
Absetzvorgang, dem jedes Teilchen durch die Schwerkraft unterworfen ist."[19] Es
kommt zu Staubniederschlag, wenn die dispergierten Partikel durch andere Kräfte
derart beeinflusst werden, dass der Einfluss der dispergierenden Kräfte unterliegt.[20]

---

[14]WARNECK: Abschn. 7.4.3, S. 383, Abs. 1.
[15]WARNECK: Abschn. 7.4.3, S. 383 bis 384, Abs. 3.
[16]DREYHAUPT: S. 1050, Pkt. 3, Abs. 2.
[17]DREYHAUPT: S. 1050, Pkt. 3, Abs. 8.
[18]DREYHAUPT: S. 1120, Pkt. 1, Abs. 1.
[19]BAUMBACH: Abschn. 7.2, S. 313, Abs. 1.
[20]BAUMBACH: Abschn. 7.2, S. 313, Abs. 2.

Der Ablagerungsvorgang von Stoffen aus der Atmosphäre wird als Deposition bezeichnet und wird durch verschiedene Mechanismen wie Sedimentation, Impaktion und Diffusion beeinflusst.[21] Man kann zwischen einer trockenen und einer nassen bzw. feuchten Deposition unterscheiden. Die nasse Deposition wird von flüssigen oder festen Niederschlägen verursacht und kann, je nach Niederschlagsintensität, in feuchte und nasse Deposition unterteilt werden.[22] Bei der nassen Deposition sind die Partikel an der Wolkenbildung beteiligt. In der englischen Sprache existieren genauere Bezeichnungen für die Depositionsvorgänge: „fallout", „rainout", „washout" und „snowout". Unter „fallout" versteht an den trockenen Depositionsvorgang, während „rainout" und „snowout" den nassen/feuchten Depositionsvorgang bezeichnen. Wenn Partikel depositioniert werden, weil sie von Niederschlag mitgerissen werden, an dessen Kondensation sie nicht beteiligt waren, nennt man dies „washout".[23]

2.1.4 Organisch/Anorganisch

Der Begriff „organisch" ist nicht eindeutig definiert. Einige Autoren bezeichnen damit chemische Verbindungen, die Kohlenstoff- und Wasserstoffatome enthalten, weshalb reiner Kohlenstoff, Kohlenstoffmono- und Kohlenstoffdioxid nicht in den Bereich der Organik fallen. Dementgegen zählen andere Autoren Ruß, der aus reinem Kohlenstoff besteht, und Kohlenstaub zur Organik. Manche Autoren wählen das Kriterium, dass die chemischen Verbindungen lediglich Kohlenstoffatome enthalten müssen, um die Moleküle in den Bereich der Organik einzuordnen. Organische Stäube bestehen also mindestens aus Kohlenstoffverbindungen, bzw. reinem Kohlenstoff.

Demzufolge bezeichnet der Begriff „anorganisch" chemische Verbindungen der anderen Elemente, also ohne Kohlenstoff. Anorganische Stäube sind im Allgemeinen Gemische aus Oxiden, Sulfaten und Karbonaten weniger Elemente; hauptsächlich Aluminium, Eisen, Kalzium, Silizium und Magnesium.[24]

---

[21]DREYHAUPT: S. 330, Pkt. 3.

[22]DREYHAUPT: S. 330, Pkt. 4.

[23]THE ROYAL SWEDISH ACADEMY OF SCIENCE AND THE ROYAL SWEDISH ACADEMY OF ENGINEERING SCIENCES: Abschn. 8.2, S. 187, Abs. 1.

[24]DREYHAUPT: S. 1115, Pkt. 2, Abs. 4.

2.1.5 Anthropogen/Natürlich/Biogen

Das Wort „anthropogen" bedeutet durch den Menschen beeinflusst bzw. verursacht.[25] Unter anthropogenen Staubemissionen versteht man demzufolge
Stäube, die direkt oder indirekt durch menschliches Handeln entstehen bzw.
verursacht, hergestellt oder beeinflusst werden, wie z. B. Reifenabrieb bei Fahr-
zeugen.
    Im Gegensatz dazu bedeutet das Wort „natürlich" zur Natur gehörend bzw.
in der Natur vorkommend.[26] Unter natürlichen Staubemissionen versteht man
demzufolge Stäube, die durch Vorgänge in der Natur gebildet werden. Natürliche
Staubemissionen werden nicht von Menschen verursacht und können teilweise
auch nicht von Menschen beeinflusst werden; sie würden auch entstehen, wenn
der Mensch nicht existent wäre. Die natürlichen Staubquellen können weiter
unterteilt werden in biogene und nicht-biogene Quellen. Dabei bedeutet das
Wort „biogen" durch Lebewesen entstanden bzw. aus abgestorbenen Lebewesen
gebildet.[27] Demnach wird biogener Staub von Lebewesen emittiert, wie z. B.
Blütenstaub. Lebendige Mikroorganismen können ebenfalls dem biogenen Staub
zugerechnet werden.[28]
    Bei der Einteilung gibt es eine „Grauzone", die sich nicht eindeutig zuordnen
lässt. Dabei handelt es sich um Emissionen, denen „natürliche Prozesse zugrunde
liegen, deren Ausmaß jedoch durch den Menschen unterschiedlich stark beeinflusst"[29] werden. Dabei handelt es sich um sekundäre Entstehungsprozesse, denen
Edukte zugrunde liegen, die sowohl aus natürlichen, als auch aus anthropogenen
Quellen emittiert werden bzw. deren natürliche Emission durch anthropogenen
Einfluss gesteigert wurde, wie z. B. durch Reisanbau, Viehhaltung, Mülldeponien
und Kläranlagen.[30]
    „Obwohl es sehr schwierig ist, anthropogene von natürlichen Aerosolen genau
zu unterscheiden, gibt es dennoch einige grobe Anhaltspunkte. Bei den anthropogenen Aerosolen dominieren eher die Sulfat- und Rußpartikel, bei den natürlichen

---

[25]BIBLIOGRAPHISCHES INSTITUT 2019(a): Pkt. 2.
[26]BIBLIOGRAPHISCHES INSTITUT 2019(d): Pkt. 2, Abs. 1a.
[27]BIBLIOGRAPHISCHES INSTITUT 2019(b): Pkt. 2.
[28]THE ROYAL SWEDISH ACADEMY OF SCIENCE AND THE ROYAL SWEDISH
ACADEMY OF ENGINEERING SCIENCES: Abschn. 8.2, S. 187, Abs. 1.
[29]GUDERIAN: Kap. 2, S. 61, Abs. 1.
[30]GUDERIAN.

Aerosolen die gröberen Salz- und Staubteilchen. Anthropogen beeinflusste Aerosole weisen daher meist kleinere Teilchenradien auf als natürliches Aerosol. Ein zweites Kriterium ist die geografische Verbreitung. Anthropogene Aerosole finden sich hauptsächlich über stark besiedelten und industrialisierten Gebieten und in deren Leezonen. Auch die zeitliche Korrelation zwischen der Aerosolverbreitung und jahreszeitlich schwankenden Waldbränden, Biomassenverbrennung und Verbrennungen von fossilen Energierohstoffen kann den anthropogenen Anteil der Aerosolkonzentration in der Atmosphäre erkennbar machen."[31] Ein weiteres Problem ist, dass „bei bestimmten Komponenten die Abgrenzung zwischen natürlichen und anthropogenen Immissionen auf erhebliche Schwierigkeiten stößt, besonders bei den sogenannten sekundären Luftspurenstoffen, wie den Photooxidantien."[32]

2.1.6 Troposphärisch/Stratosphärisch

Die Unterscheidung von troposphärischem und stratosphärischem Staub richtet sich nach dem Aufenthaltsort des Partikels. Zwischen der Troposphäre und der Stratosphäre findet ein permanenter Stoffaustausch statt. Dies beginnt in den aufsteigenden Ästen der Zirkulation in den Hadley-Zellen. Dort werden feuchte, partikel- und spurenstoffhaltige Luftmassen aus der unteren Troposphäre bis in die Stratosphäre aufwärts transportiert. Anschließend fließt die Luft polwärts, wo sie wieder in die Troposphäre absinkt. Während dieses Kreislaufs ändert sich der Energieinhalt der Luftmassen, sowie die chemischen und physischen Eigenschaften. In tropischen Breiten findet außerdem ein beidseitiger Austausch durch mesoskalige Prozesse statt.[33]

2.1.7 Kosmisch/Terrestrisch

Auch eine Unterscheidung zwischen terrestrischem Staub und kosmischem Staub ist angebracht. „Kosmisch" bedeutet „aus dem Weltall stammend"[34], wohingegen

---

[31]KASANG (a): Abs. 2.
[32]GUDERIAN: Abschn. 1.2, S. 23, Abs. 1.
[33]GUDERIAN: Abschn. 3.1.4, S. 203, Abs. 2.
[34]BIBLIOGRAPHISCHES INSTITUT 2019(c): Pkt. 1b.

„terrestrisch" „zur Erde gehörend"[35] bedeutet. Dabei ist entscheidend, ob die
Partikel aus Material gebildet wurden, dass von der Erde stammt oder ob die
Partikel aus dem Weltall auf die Erde eingetragen wurden. Partikel, die aus
Material gebildet werden, dass von Menschen in Erdumlaufbahn gebracht wurde,
wird ebenfalls dem kosmischen Staub zugerechnet.

2.2   Partikelgrößenverteilung

„Üblicherweise wird die Staubbelastung anhand der Masse verschiedener
Größenfraktionen beschrieben."[36] Es existieren unterschiedliche Definitionen
für die Einteilung von Staubfraktionen anhand der Partikelgrößenverteilung.
In Bezug auf den Arbeitsschutz werden die Staubfraktionen in der DIN EN 481
definiert. Für ein besseres Verständnis wird zunächst auf die Definitionen der DIN
EN 481 eingegangen, um danach die Brücke zur Definition der „United States
Environmental Protection Agency" herzustellen, welche sich zum wissenschaft-
lichen Standard in Bezug auf den Umweltschutz etabliert hat.

Ein Kriterium für die Einteilung von Staubpartikeln in verschiedene
Fraktionen ist der aerodynamische Durchmesser der Staubteilchen. Der
aerodynamische Durchmesser ist eine Hilfsgröße, die im Gegensatz zum
unregelmäßigen realen Durchmesser von einer idealisierten Kugelform der
Partikel und einer Normdichte von 1 g/m^3 ausgeht. Dabei wird unterstellt, dass
die Sinkgeschwindigkeit der realen und der idealisierten Partikel identisch ist.[37]
„Für Partikel mit einem aerodynamischen Durchmesser kleiner als 0,5 μm sollte
der Partikeldiffusionsdurchmesser anstelle des aerodynamischen Durchmessers
[…] verwendet werden. Der Partikeldiffusionsdurchmesser ist der Durchmesser einer Kugel mit dem gleichen Diffusionskoeffizienten wie die Partikel
unter den herrschenden Bedingungen bezüglich Temperatur, Druck und relativer
Luftfeuchte."[38]

---

[35]BIBLIOGRAPHISCHES INSTITUT 2019(e): Pkt. 1.
[36]ÖSTERREICHISCHES UMWELTBUNDESAMT: Abs. 1.
[37]KALTSCHMITT/HARTMANN/HOFBAUER: Abschn. 11.4.1, S. 702, Abs. 2.
[38]DEUTSCHES INSTITUT FÜR NORMIERUNG: S. 3, Pkt. 2.2.

2.2.1 DIN EN 481

Als grober Schwebstaub werden Teilchen bezeichnet, deren aerodynamischer Durchmesser mindestens 10 µm beträgt. Der Massenanteil, der über Mund und Nase eingeatmet werden kann, wird auch als einatembare Fraktion (kurz E-Fraktion) bezeichnet. Diese Teilchen können in die Nasenhöhlen, den Rachenraum und bis in den Kehlkopf vordringen, werden jedoch zeitnah wieder abgehustet.

Unter thorakalem Schwebestaub versteht man die thoraxgängige Fraktion. Diese Teilchen gelangen aufgrund ihres aerodynamischen Durchmessers zwischen 10 µm und 2,5 µm bis in die Luftröhre, die oberen Atemwege und die Bronchien und können sich dort festsetzen.

Die Fraktion mit einem aerodynamischen Teilchendurchmesser von 2,5 µm bis 0,1 µm bezeichnet man als alveolengängigen Schwebstaub (kurz A-Fraktion). Partikel aus dieser Fraktion können über die Atemwege bis in die Bronchiolen und die Alveolen eindringen und sich dort festsetzen.

Als ultrafeiner Schwebstaub werden Partikel mit einem aerodynamischen Durchmesser kleiner als 0,1 µm bezeichnet. Teilchen aus dieser Fraktion können die Lungen-Blutschranke überwinden und in den Blutkreislauf gelangen. Abb. 2.2

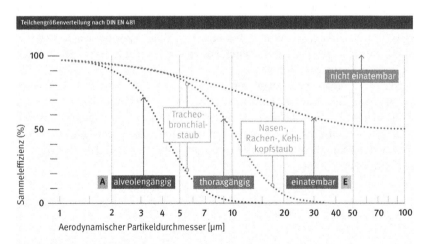

E Einatembare Konvention (E-Fraktion):
Massenanteil aller Schwebstoffe, der durch Mund und Nase eingeatmet wird
A Alveolengängige Konvention (A-Fraktion):
Massenanteil der eingeatmeten Partikel, der bis in die nichtciliierten Luftwege vordringt

Abb. 2.2 Teilchengrößenverteilung nach DIN EN 481 [VBG]

zeigt die Teilchengrößenverteilung nach DIN EN 481. Aufgrund ihrer Größe
können Partikel unterschiedlich tief in den menschlichen Organismus eindringen.

2.2.2 Environmental Protection Agency

Nach der Definition der „United States Environmental Protection Agency" wird
Staub in verschiedene PM_x-Klassen eingeteilt, wobei die Abkürzung PM für
„Particulate Matter" und der Index x für den aerodynamischen Durchmesser des
Trennkorns steht. Die Partikel werden anhand des Trennkorndurchmessers in die
drei Klassen PM_{10}, $PM_{2,5}$ und $PM_{0,1}$ eingeteilt.

Zu der Staubklasse PM_{10} zählen Fraktionen, deren Partikel zu 50 Gew.-%
einen aerodynamischen Durchmesser von 10 μm aufweisen und die Größe der
anderen Partikel einen niedrigen Anteil an Partikeln mit einem aerodynamischen
Durchmesser >10 μm und einen höheren Anteil an Partikeln mit einem aerodynamischen Durchmesser <10 μm aufweisen.[39] Die Klasse PM_{10} ist eine Teilmenge von TSP. Diese Fraktion „entspricht im Wesentlichen der in der DIN EN
481 gegebenen Konvention für die thorakale Staubfraktion."[40]

Analog dazu werden Fraktionen, von denen 50 Gew.-% der Partikel einen
aerodynamischen Durchmesser von 2,5 μm aufweisen, zu der Klasse $PM_{2,5}$
gezählt. Auch bei dieser Klasse können die anderen Partikel zu einem geringen
Anteil einen aerodynamischen Durchmesser >2,5 μm bzw. zu einem höheren
Anteil einen aerodynamischen Durchmesser <2,5 μm aufweisen. Die Klasse
$PM_{2,5}$ ist eine Teilmenge von PM_{10}.

Weiterhin werden Fraktionen, von denen 50 Gew.-% der Partikel einen aerodynamischen Durchmesser von 0,1 μm aufweisen, zu der Klasse $PM_{0,1}$ gezählt.
Auch bei dieser Klasse können die anderen Partikel zu einem geringen Anteil
einen aerodynamischen Durchmesser >0,1 μm bzw. zu einem höheren Anteil
einen aerodynamischen Durchmesser <0,1 μm aufweisen. Die Klasse $PM_{0,1}$ ist
eine Teilmenge von $PM_{2,5}$.

---

[39]DREYHAUPT: S. 1050, Pkt. 3, Abs. 5.
[40]DIN EN 481: Anhang A, S. 7, Abs. 1.

Entstehung von Primärstaub und natürliche Primärstaubquellen

3

Natürlicher Primärstaub kann anhand der Partikelentstehung in verschiedene Arten unterteilt werden. Dabei können verschiedene Primärstaubarten aus einer gemeinsamen Quelle stammen, z. B. emittieren Vulkane bei einem Ausbruch sowohl mineralischen Staub als auch Partikel aus Verbrennungsprozessen, wie Asche oder Ruß. Daneben können auch Primärpartikel und Präkursoren aus einer gemeinsamen Quelle stammen, z. B. emittieren Vulkane bei einem Ausbruch sowohl Primärpartikel als auch Präkursoren für die Gas-to-Particle-Conversion, wie z. B. Schwefeldioxid.

3.1 Entstehung von Primärstaub

Natürlicher Primärstaub kann anhand der Partikelentstehung in vier grundsätzlich unterschiedliche Kategorien unterteilt werden. In diesem Unterkapitel werden diese vier Kategorien und die jeweiligen Entstehungsprozesse näher beschrieben.

Es gibt verschiedene Wege auf denen feste Primärpartikel in die Atmosphäre suspendiert werden, z. B. über direkte chemische Reaktionen in Flammen, über das Zerbrechen, das Aufbrechen und das Auseinanderreißen von Materie und über das Dispergieren von feinen Pudern.[1] Daneben können feste und nichtflüchtige, flüssige Partikel über das Verdampfen bzw. Verdunsten eines flüssigen Trägerstoffes, in welchem die Partikel suspendiert sind, in die Atmosphäre gelangen.[2]

---

[1]HIDY/BROCKS: Kap. 8, S. 216, Abs. 1.
[2]HIDY/BROCKS: Kap. 8, S. 217, Abs. 4.

3.1.1   Mineralischer Staub

Mineralischer Partikel entstehen bei der Erosion von Böden. Werden diese Partikel durch Wind in die Atmosphäre gehoben, spricht man von mineralischem Staub. Böden entstehen durch die Verwitterung von Erdkrustenmaterial. Dabei werden Gesteine auf zwei verschiedene Weisen von Wasser zerkleinert: chemisch durch das Auswaschen wasserlöslicher Bestandteile und mechanisch durch das Eindringen und Gefrieren von Wasser in Rissen und Poren. Auf diese Weise wird magmatisches Gestein in Tonmineralien, Karbonate und Quarzsandkörner umgewandelt.[3]

Hat das Material eine bestimmte Korngröße erreicht, kann es bei entsprechenden Windgeschwindigkeiten von der strömenden Luft bewegt werden. Dabei werden die Partikel zunächst über den Boden bewegt, bevor sie mit zunehmender Windgeschwindigkeit in die Luft gehoben werden. Die daraus resultierende Sprungbewegung führt zu einem Sandstrahleffekt, bei dem verkrustete feinere Partikel gelockert und abgebrochen werden und dadurch in die Luft gelangen. Ein Großteil dieser Partikel wird über Sedimentation schnell wieder aus der Luft abgeschieden. Um dauerhaft in der Luft dispergiert zu bleiben, müssen die Partikel Radien kleiner als $100\,\mu m$ aufweisen. Für das Anheben von Partikeln im Größenbereich von 25 bis $100\,\mu m$ bedarf es nur minimaler Windgeschwindigkeiten.[4] Wichtig ist dabei die Oberflächenrauigkeit des Bodens. Daneben spielen auch Kohäsionskräfte zwischen den Partikeln, der Feuchtegehalt und die Bodentextur eine wichtige Rolle.[5]

Liegt ein logarithmisches Windprofil sowie ein ausreichend gelockerter Boden vor und sind neutrale Stabilitätsbedingungen gegeben, werden die Partikel durch Wirbeldiffusion in die Luft gehoben, wobei sich ein vertikaler Partikelfluss einstellt, der ungefähr mit der fünften Potenz der Reibungsgeschwindigkeit wächst.[6] Aus diesem Mechanismus ergibt sich eine idealisierte Partikelgrößenverteilung. Innerhalb einer Schicht, die sich bis zu einer Höhe von $2\,cm$ über der Oberfläche befindet, ist die Partikelgrößenverteilung der Staubaerosole der Partikelgrößenverteilung der Oberfläche sehr ähnlich. Mit zunehmendem Abstand vom Boden, verschiebt sich die Partikelgrößenverteilung der Staubaerosole in

---

[3]WARNECK: Abschn. 7.4.1, S. 373, Abs. 2.
[4]WARNECK: Abschn. 7.4.1, S. 373, Abs. 2 bis Abs. 3.
[5]WARNECK: Abschn. 7.4.1, S. 374, Abs. 2.
[6]WARNECK: Abschn. 7.4.1, S. 375, Abs. 1.

Richtung der feineren Partikel, wobei die Oberflächentextur und die Windge-
schwindigkeit einen starken Einfluss auf die Partikelgrößenverteilung haben.[7]
Dass die Annahme einer gleichmäßigen Partikelgrößenverteilung auf der
Bodenoberfläche nicht gerechtfertigt ist, ergibt sich aus der Beobachtung, dass
gemischte, bimodale Partikelgrößenverteilungen nicht ungewöhnlich sind.[8]
Mineralische Staubpartikel können zudem durch Erdrutsche aufgewirbelt werden.

3.1.2 Meersalzpartikel

Meersalzaerosole entstehen aufgrund der Bewegung der Meeresoberfläche
durch Windkraft. Durch das Platzen von Gasblasen an der Meeresoberfläche
werden Meersalzaerosole in die Luft transportiert.[9] Die Energie, die aufgrund
des Kollabierens der Blase aus der Oberflächenspannung frei wird, wird in
kinetische Energie umgewandelt. Dadurch entsteht ein Wasserstrahl, der ein bis
zehn Tropfen bis zu 15 cm über der Meeresoberfläche ausstößt. Die Anzahl der
Tropfen hängt dabei von der Größe der Blase ab. Partikel, die auf diese Weise
entstehen, werden auch Strahltropfen[10] genannt.[11] Der Durchmesser der Strahltropfen beträgt ungefähr 15 % des Durchmessers der Blase.[12] Weitere Tropfen
entstehen aus dem platzenden Wasserfilm, der die Gasblase bedeckt, weshalb
diese Partikel auch als Filmtropfen[13] bezeichnet werden. Dabei bewegen sich
mache Tropfen senkrecht zur Achse des Wasserstrahls und werden ins Meer
transportiert, wohingegen andere Tropfen von dem entweichenden Gas aus dem
torusförmigen Rand der Blase gerissen und nach oben transportiert werden. Mit
zunehmender Blasengröße steigt auch die Anzahl der Filmtropfen schnell an,
was dazu führt, dass Blasen mit einem Durchmesser von wenigen Millimetern
mehrere Hundert Filmtropfen emittieren.[14]

---

[7]WARNECK: Abschn. 7.4.1, S. 375, Abs. 2.

[8]WARNECK: Abschn. 7.4.1, S. 376, Abs. 1.

[9]WARNECK: Abschn. 7.4.2, S. 378, Abs. 1.

[10]Englisch: Jet drops.

[11]WARNECK: Abschn. 7.4.2, S. 379, Abs. 1.

[12]WARNECK: Abschn. 7.4.2, S. 379, Abs. 3.

[13]Englisch: Film drops.

[14]WARNECK: Abschn. 7.4.2, S. 379, Abs. 1.

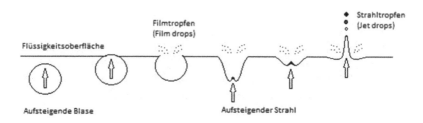

Abb. 3.1 Entstehung von Film- und Strahltropfen

Aufgrund der unterschiedlichen Entstehungsmechanismen unterscheiden sich Strahltropfen und Filmtropfen hinsichtlich der Fracht, die sie transportieren: Organische Verbindungen und Bakterien konzentrieren sich an der Grenzschicht zwischen Meer und Luft und werden deshalb mit den Filmtropfen verteilt. Der oberste Strahlentropfen enthält ebenfalls Wasser aus der Oberflächenschicht, die die Blase umgeben hat und somit auch einen gewissen Anteil der Fracht.[15]

Abb. 3.1 veranschaulicht das Entstehen von Filmtropfen („Film drops") und Strahlentropfen („Jet drops") und deutet die Beladung der Tropfen mit der Fracht aus der Grenzschicht an.

Meerwasser enthält bis zu 3,5 Gew.-% Meersalz, wobei 85 % des Meersalzes aus Natriumchlorid bestehen. Es ist davon auszugehen, dass der Salzgehalt in Filmtropfen und Strahltropfen ähnlich ist. Während die Wassertropfen in der Luft nach oben transportiert werden, werden sie einer abnehmenden relativen Luftfeuchtigkeit ausgesetzt und verlieren solange Feuchtigkeit, bis sich ihr Wassergehalt im Gleichgewicht mit der Umgebung befindet. Dabei verkleinert sich der Radius der Partikel, bis er ungefähr auf 25 % des ursprünglichen Radius gesunken ist. Der Zerfließpunkt von Magnesiumchlorid, welches ebenfalls in Meersalz enthalten ist, liegt bei 33 % relativer Luftfeuchtigkeit, weshalb davon auszugehen ist, dass die Partikel in der Meeresatmosphäre nicht vollständig austrocknen, da eine so niedrige relative Luftfeuchtigkeit in der Meeresatmosphäre nicht erreicht wird. Trotzdem können Teile des gelösten Natriumchlorids auskristallisieren.[16]

---

[15]WARNECK: Abschn. 7.4.2, S. 379, Abs. 1.
[16]WARNECK: Abschn. 7.4.2, S. 379, Abs. 2.

Zahlenmäßig am häufigsten sind Blasen in Gischt an Wellenkämmen (Schaumkronen) anzutreffen, wo beim Brechen der Welle Luft ins Meerwasser mitgerissen wird. Schaumkronen treten ab einer Geschwindigkeit von ca. 3 m/s auf. Ab einer Windgeschwindigkeit von ca. 8 m/s ist etwa 1 % der Meeresoberfläche mit Schaumkronen bedeckt. Die Größe der Blasen in brechenden Wellen liegt zwischen einigen Mikrometern bis zu mehreren Millimetern, wobei die genauen Grenzen nicht bekannt sind. Feldversuche ergaben Spektren der Blasengrößenverteilung mit Meridianen bei 100 µm Durchmesser, wobei dieser Wert nahezu unabhängig von der Tiefe unter der Meeresoberfläche ist. Die Konzentration von Blasen eines bestimmten Durchmessers steht umgekehrt proportional zur fünften Potenz des Blasendurchmessers. Insgesamt nimmt die Konzentration an Blasen mit zunehmender Tiefe unter der Meeresoberfläche quasi-exponentiell ab.[17] Der Partikelfluss lässt sich anhand der Rate der aufsteigenden Blasen abschätzen.[18]

Der Größenbereich von Meeressalzpartikel entspricht dem Größenbereich der Meeressprühnebelproduktion. Dies weist darauf hin, dass die Partikelgrößenverteilung in dem Größenbereich unter 10 µm hauptsächlich durch den Entstehungsmechanismus beeinflusst wird. Demzufolge muss die Depositionsrate von Partikeln mit einem Durchmesser bis 10 µm der Meeressalzpartikel größenunabhängig sein, da sich die Größenbereiche von Meeressalzpartikeln und Meeressprühnebelproduktion sonst unterscheiden würden. Für größere Partikel wird die Depositionsgeschwindigkeit in stärkerem Maße durch die Schwerkraft beeinflusst. Tropfen mit einem Durchmesser größer als 100 µm bleiben weniger als 0,5 s in der Luft, bevor sie aufgrund ihres eigenen Gewichtes wieder ins Meer fallen.[19]

Zwischen 10 und 500 m über der Meeresoberfläche ändert sich die Konzentration von Meeressalzaerosolen vergleichsweise wenig. Sobald das Höhenniveau der Wolken erreicht wird, nimmt die Konzentration an Partikeln mit einem Gewicht von weniger als 1 ng (<7 µm) kontinuierlich ab, bis sie in einer Höhe von 2–3 km vernachlässigbar wird, wobei die Konzentration nahezu exponentiell abnimmt. Dies ist auf die Aufnahme von Salzpartikeln in

---

[17]WARNECK: Abschn. 7.4.2, S. 380, Abs. 1.
[18]WARNECK: Abschn. 7.4.2, S. 380, Abs. 2.
[19]WARNECK: Abschn. 7.4.2, S. 381, Abs. 1.

Wolkentropfen zurückzuführen, was eine feuchte Deposition nach sich zieht. Dies kann zur Bildung einer Meersalzinversionsschicht führen. Man vermutet, dass dieses Phänomen durch das Verdampfen von Wolkentropfen verursacht wird, die aufgrund von Koaleszenz angewachsen sind und deshalb niederschlagen. Die Massenkonzentration von Meersalz in der Subcloud-Grenzschicht steigt mit zunehmender Windgeschwindigkeit. Dies ist zu erwarten, da auch die mechanische Randbedingung für die Bildung von Meersalzaerosolen zunimmt. Die vertikale Verteilung der Meersalzpartikel reagiert schnell auf Änderungen der Windgeschwindigkeiten und der damit einhergehenden Änderung des Meersalzpartikelstroms in die Atmosphäre.[20]

3.1.3   Staub aus Verbrennungsprozessen

Durch die Verbrennung von Biomasse kann hinsichtlich der Art der emittierten Stoffe grundsätzlich zwischen Produkten vollständiger Verbrennung (CO_2, H_2O), Nebenprodukten vollständiger Verbrennung (NO_x), Produkten unvollständiger Verbrennungsprozesse (CO, Ruß, unverbrannte und teiloxidierte Kohlenwasserstoffe wie z. B. Alkane, Alkene, Alkine, Aromaten und Aldehyde), und Produkten aus Brennstoffinhaltsstoffen (SO_2, NO_x, Staub und Schwermetalle, HCL und HF) unterschieden werden.[21]

Wenn der stöchiometrische Sauerstoffbedarf nicht erfüllt oder stark unterschritten wird, kommt es zur unvollständigen Verbrennung. Dadurch können teiloxidierte und nicht oxidierte, sowie nicht brennbare Spurenstoffe in die Atmosphäre gelangen.[22]

Daneben können Staubemissionen aus Verbrennungsprozessen insbesondere folgende Stoffe enthalten:[23]

* Agglomerate aus elementarem Kohlenstoff und angelagerte Kohlenwasserstoffe sowie polyzyklische aromatische Kohlenwasserstoffe,
* Hochmolekulare, kondensierte Kohlenwasserstoffe,
* Oxide und Salze verschiedenster Metalle und Schwermetalle.

---

[20]WARNECK: Abschn. 7.4.2, S. 382 bis S. 383.
[21]GUDERIAN: Abschn. 2.1.1, S. 63, Abs. 2.
[22]GUDERIAN: Abschn. 2.1.1, S. 64, Abs. 1 bis Abs. 2.
[23]GUDERIAN: Abschn. 2.7, S. 125, Abs. 3.

3.1.4 Biogener Staub

Biogene Staubpartikel werden von Lebewesen in fester und flüssiger Form abgeschieden, wobei das Spektrum der biogenen Quellen für Primärstaubpartikel praktisch unüberschaubar ist, z. B.: POM (Kleinalgen, Mikroben). Flora & Fauna (POM), Pollen, Sporen, Mikroben, Hautschuppen. Daneben emittieren Lebewesen auch organische Gase wie bspw. Duftstoffe in Form von Terpenen. Diese VOC können als Edukte für die sekundäre Entstehung von Staub dienen.

3.2 Natürliche Primärstaubquellen

In diesem Unterkapitel werden verschiedene natürliche Primärstaubemittenten aufgeführt, deren Emissionen auf globaler Ebene von Bedeutung sind, wobei den Emittenten die jeweiligen Primärpartikel zugeordnet werden.

3.2.1 Böden

Böden sind Quellen für mineralischen Staub; organische Stoffe werden Flora und Fauna zugeschrieben.

3.2.2 Ozeane

Ozeane emittieren in erster Linie Meersalzpartikel. Daneben emittieren sie auch alle Primärpartikel, die in Meerwasser enthalten sind, wie z. B. POM.

3.2.3 Flora und Fauna

Biogene Primärpartikel werden von Pflanzen in Form von Samen, Pollen, Sporen, Blattwachsen, Resina und anderem emittiert, wobei die Größe der Teilchen ca. 1 bis 250 µm beträgt. Die Größenverteilung der biogenen Primärpartikel im Größenbereich von 0,3 bis 50µm entspricht der Partikelgrößenverteilung der allgemeinen Partikelgrößenverteilung der atmosphärischen Aerosole. Der Volumen-Anteil von biogenen Partikeln an der Gesamt-Fraktion beträgt ca. 15 %.[24]

Die Konzentration von Pollen und Sporen in der Luft kann sich von Ort zu Ort schnell ändern und hängt dabei auch von Jahreszeit, Tageszeit und meteorologischen Einflüssen ab.[25]

3.2.4 Vegetationsbrände

Die Verbrennung von Holz und anderer Biomasse kann in drei Stufen eingeteilt werden: die Pyrolyse, während der sich organische Komponenten verflüchtigen, die turbulente Verbrennung von organischen Dämpfen in einer Flamme und Schwelbrände ohne Flamme. In allen drei Stufen werden Partikel emittiert: Einerseits werden Holzkohlepartikel durch mechanische Prozesse freigesetzt und andererseits durch Kondensieren organischer Dämpfe. Nachdem das Feuer erloschen ist, werden Aschepartikel durch Winderosion in die Atmosphäre transportiert.[26]

Die Partikel, die durch die Verbrennung von Biomasse emittiert werden, verteilt sich dabei auf 40 bis 70Gew.-% kohlenstoffhaltiges Material, z. B. Ruß. Der Rest besteht aus Benzen-löslichen organischen Stoffen und anorganischen Komponenten, z. B. Kationen wie Kalium und Ammonium und den Anionen Chlorid und Sulfat.[27]

Die Aerosole in Rauch von Biomasseverbrennung weisen bei ihrer Größenverteilung einen Peak bei 0,1 μm sowie bei 0,3 μm auf, wobei dies auf die Dominanz der Partikel im Akkumulationsmodus hinweist.[28]

3.2.5 Vulkane

In Zeiten zwischen den Eruptionen emittieren Vulkane feine Lavapartikel, die mit Schwefelsäure überzogen sind, wobei in der Schwefelsäure Salze gelöst sind.

---

[24]GUDERIAN: Abschn. 7.4.4, S. 397, Abs. 1.
[25]GUDERIAN: Abschn. 7.4.4, S. 397, Abs. 1.
[26]GUDERIAN: Abschn. 7.4.4, S. 400, Abs. 1.
[27]GUDERIAN: Abschn. 7.4.4, S. 400, Abs. 2.
[28]GUDERIAN: Abschn. 7.4.4, S. 400, Abs. 3.

Vulkane emittieren Schwefel und SO_2. Die Mehrheit der emittierten Partikel konzentriert sich dabei auf den Submikrometer-Größenbereich, wobei das Maximum bei Radien kleiner 0,1 μm ist. Während paroxysmalen Ereignissen steigt die Konzentration der Partikel im Größenbereich von 10–100 μm.[29]

Vulkane emittieren sog. flüchtige Elemente, die auch in der Erdkruste vorkommen, wie z. B. Zn, Cu, Au, Pb, As, Cd, Sb, Br, S, Se, Ce, Hg.[30] Schwefel, Chlor und Brom werden meist als Gas emittiert, kondensieren aber dann als SO_2, HCl und HBr und haften an Partikeln.[31]

Daneben emittieren Vulkane mineralischen Staub, sowie Partikel aus Verbrennungsprozessen und Salze.

3.2.6 Kosmischer Staub

Unter kosmischem Staub versteht man fein verteilte Partikel im interplanetaren und interstellaren Raum. Die Partikel werden auch als Mikrometeoriden bezeichnet und reichen im Größenbereich von wenigen Molekülen bis hin zu mehreren 10 mm. Die Mikrometeoriden werden von größeren Meteoriden, Kometen und Asteroiden emittiert, als auch von Planeten, Monden und deren Ringen.[32] Weitere Quellen für kosmischen Staub sind Gegenstände, die von Menschen in die Erdumlaufbahn gebracht wurden.[33] Kosmischer Staub kann aus steinigen, metallischen und organischen Materialien bestehen.[34] Die organischen Materialien sind sehr unterschiedlich; In Proben aus dem Schweif des Kometen *Wild 2* wurde sogar Glycin gefunden.[35] Ein besonderes Merkmal kosmischen Staubs ist die große Variabilität in der Isotopenzusammensetzung.[36]

Anhand der elementaren Partikelzusammensetzung kann kosmischer Staub in drei Klassen eingeteilt werden: Mit ca. 60 % sind chondritische Partikel die stärkste Klasse, gefolgt von Eisen-Schwefel-Nickel-Partikeln als zweitstärkste

---

[29]GUDERIAN: Abschn. 7.4.4, S. 398, Abs. 2.
[30]GUDERIAN: Abschn. 7.4.4, S. 398, Abs. 3.
[31]GUDERIAN: Abschn. 7.4.4, S. 399, Abs. 1.
[32]SPOHN/BREUER/JOHNSON: Kap. 29, S. 657, Abs. 1.
[33]SPOHN/BREUER/JOHNSON: Abschn. 29.1, S. 659, Abs. 3.
[34]SPOHN/BREUER/JOHNSON: Abschn. 29.1, S. 657, Abs. 2.
[35]SPOHN/BREUER/JOHNSON: Abschn. 29.2.5, S. 666, Abs. 1.
[36]SPOHN/BREUER/JOHNSON: Abschn. 29.2.2, S. 663, Abs. 2.

Klasse mit 30 % und als drittstärkste Gruppe mit 10 % Partikel aus mafischen Silikaten (eisen-magnesium-reiche Silikate, z. B. Olivine und Pyroxene).[37] In Chondriten können unteranderem folgende Elemente gefunden werden: Mg, Si, Fe, S, Al, Ca, Ni, Cr, Mn, Cl, K, Ti, Co, Zn, Cu, Ge, Se, Ga und Br.[38]

Aufgrund ihrer geringen Größe wird die Flugbahn der Partikel nicht nur durch die Gravitation von Planeten und Sternen beeinflusst, sondern auch durch elektromagnetische Strahlung, interplanetare Magnetfelder und durch Kollisionen mit anderen Partikeln. Die Kollisionen unter den Partikeln führen zu Erosionen und Disruptionen an den Partikeln.[39]

Treffen extraterrestrische Partikel mit einer Geschwindigkeit von min. 10 km/s auf die Erdatmosphäre, wird die Bewegungsenergie in thermische Energie umgewandelt. Ist der Partikel nur wenige Zentimeter groß, reicht die thermische Energie aus, um den Partikel komplett zu verdampfen. In ca. 100 km Höhe werden die Partikel durch die Atmosphäre stark abgebremst, sodass die Partikel durch die Reibung erhitzt werden und Material von der Oberfläche abgedampft wird, bis sich der Partikel komplett aufgelöst hat.[40] Das Material kondensiert und formt dabei kleine Kugeln, die auf die Erdoberfläche niederschlagen.[41]

Eine weitere Möglichkeit ist, dass die Partikel beim Auftreffen auf die Atmosphäre langsam genug sind, dass sie durch das Abbremsen nicht auf die Verdampfungstemperatur von ca. 800 °C erwärmt werden und bis auf die Erdoberfläche gelangen.[42]

In ca. 20 km Höhe bestehen ungefähr 90 % der Partikel zwischen 3 und 8 μm aus Aluminiumoxidkugeln, die aus dem Abgas von festem Raketentreibstoff gebildet werden.[43]

---

[37]SPOHN/BREUER/JOHNSON: Abschn. 29.2.2, S. 663, Abs. 1.
[38]SPOHN/BREUER/JOHNSON: Abschn. 29.2.2, S. 662.
[39]SPOHN/BREUER/JOHNSON: Abschn. 29.1, S. 659, Abs. 4.
[40]SPOHN/BREUER/JOHNSON: Abschn. 29.2.1, S. 660, Abs. 2.
[41]SPOHN/BREUER/JOHNSON: Abschn. 29.2.1, S. 660, Abs. 4.
[42]SPOHN/BREUER/JOHNSON: Abschn. 29.2.2, S. 661, Abs. 1.
[43]SPOHN/BREUER/JOHNSON: Abschn. 29.2.2, S. 661, Abs. 3.

Entstehung von Sekundärstaub und natürliche Präkursoren

4

In diesem Kapitel wird die Entstehung von Sekundärstaub beschrieben. Dabei werden verschiedene Prozesse der Sekundärpartikelentstehung erklärt. Die Präkursoren werden in Stoffgruppen eingeteilt und die jeweiligen Mechanismen der Sekundärpartikelentstehung werden dargestellt.

Man nimmt an, dass die Mehrheit der atmosphärischen Partikel sekundären Ursprungs sind und aus Gasen entstehen. Ihre Aufenthaltszeit als Gas in der Troposphäre ist kurz und variiert zwischen einigen Stunden und mehreren Tagen, aufgrund ihrer schnellen Reaktionen mit anderen Komponenten. Deshalb bilden sich rasch Gleichgewichtszustände, selbst wenn die Emissionsrate steigt. Photochemische Reaktionen, die zu Partikelbildung führen sind bekannt, wie z. B. bei NO_2 und Kohlenwasserstoffen. Die Reaktionen zwischen NH_3 und SO_2 tragen auf globaler Ebene zur Partikelbildung durch sekundäre Entstehung bei.[1]

4.1 Entstehung von Sekundärstaub

In diesem Unterkapitel wird die Entstehung von Sekundärstaub näher beschrieben. Dabei werden verschiedene Prozesse der Sekundärstaubentstehung erklärt und unterschiedliche Mechanismen der Sekundärstaubentstehung dargestellt.

Sekundäre Aerosole entstehen in der Atmosphäre entweder durch das Kondensieren oder Resublimieren von Partikeln aus übersättigtem Dampf – wobei die Übersättigung des Dampfes chemisch bzw. physisch induziert sein

---

[1]THE ROYAL SWEDISH ACADEMY OF SCIENCE AND THE ROYAL SWEDISH ACADEMY OF ENGINEERING SCIENCES: Abschn. 8.3.2, S. 192, Abs. 1.

kann – oder aus direkten chemischen Reaktionen.[2],[3] Dabei werden die Partikel über Aggregation aus molekular dispergierten Phasen oder aus chemischen Reaktionen einzelner Moleküle gebildet.[4],[5]

4.1.1 Prozesse der Sekundärstaubentstehung

Treffen Präkursoren aufeinander, kommt es dabei entweder „zur direkten Nukleation, d. h. mehrere Spurengasmoleküle verbinden sich zu Teilchen, oder die Moleküle kondensieren an bereits vorhandenen Partikeln. Bei der Nukleation entstehen zunächst sehr kleine Partikel im Nano-Bereich, die aber schnell durch Zusammentreffen mit weiteren Aerosolpartikeln (Koagulation) anwachsen können."[6] Durch Nukleation werden Partikel in der $PM_{0,1}$-Klasse, in diesem Zusammenhang auch „Aitken Range" genannt, gebildet und durch Koagulation werden Partikel der PM_1-Klasse gebildet.[7] Anhand der Präkursoren kann man zwischen homogenen und heterogenen Prozessen unterscheiden. Sind die Präkursoren homogen, d. h. kommt es innerhalb einer reinen Stoffansammlung zur Keimbildung, wird die Nukleation auch als homogene Nukleation oder homogene Keimbildung bezeichnet. Die Ablagerung an bereits vorhandenem, heterogenem Material nennt man auch heterogene Kondensation.[8]

An dieser Stelle sei erwähnt, dass die Gas-to-Particle-Conversion auch in nicht-präzipitierende Wolken stattfinden kann, indem Gase, die in den Wassertröpfchen gelöst sind, oxidiert werden und dabei nicht-flüchtige Produkte entstehen. Diese Produkte können über den Niederschlag depositioniert werden, wenn die Wolke dissipiert.[9]

In einem abgeschlossenen Luftvolumen durchläuft die Entwicklung der Teilchengrößenverteilung drei aufeinanderfolgende Stufen, die von Nukleation, Koagulation und Kondensation in dieser Reihenfolge dominiert werden. In der Atmosphäre laufen die drei Stufen gleichzeitig ab, wobei für die Bildung neuer

---

[2]HIDY/BROCKS: Kap. 8, S. 216, Abs. 4.
[3]HIDY/BROCKS: Kap. 8, S. 216, Abs. 1.
[4]HIDY/BROCKS: Kap. 8, S. 216, Abs. 2.
[5]HIDY/BROCKS: Kap. 8, S. 216, Abs. 4.
[6]KASANG (b): Abs. 1.
[7]WARNECK: Abschn. 7.4.3, S. 383, Abs. 1.
[8]WARNECK: Abschn. 7.4.3, S. 383, Abs. 2.
[9]WARNECK: Abschn. 7.4.3, S. 383, Abs. 3.

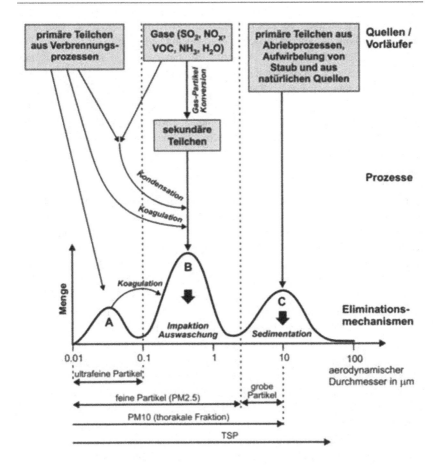

Abb. 4.1 Vereinfachte Darstellung der Größenverteilung des atmosphärischen Aerosols in Quellnähe und der wichtigsten Prozesse [EKL]

Partikel durch homogene Nukleation die entsprechenden Bedingungen herrschen müssen, da ansonsten die heterogene Kondensation dominiert.[10] Angesichts der drei Entwicklungsstufen der Partikelgrößenverteilung hat sich das Modell der trimodalen Verteilung etabliert. Die trimodale Verteilung wurde mit drei logarithmischen Normalverteilungsfunktionen modelliert.[11] Abb. 4.1 zeigt die

---

[10]WARNECK: Abschn. 7.4.3, S. 383, Abs. 2.

[11]WHITBY/SVERDRUP: Kap. 2, Pkt. C, S. 484, Abs. 1.

vereinfachte Darstellung der beschriebenen Prozesse in Bezug auf die trimodale Größenverteilung des atmosphärischen Aerosols in Quellnähe.

Die Größenverteilung der Aerosole in einer Probe ändert sich mit zunehmender Dauer, da die ultrafeinen Partikel (Kategorie „A") koagulieren und in den Akkumulationsmodus (Kategorie „B") überwandern, wobei gleichzeitig die Partikel aus Kategorie „B" und Kategorie „C" durch Eliminationsmechanismen depositioniert werden. Nur wenn permanent Partikel in das untersuchte Luftvolumen nachströmen, bleibt das Massenverhältnis der trimodalen Verteilung erhalten.[12]

4.1.1.1 Nukleation

Aufgrund der Van-der-Waals-Kräfte kommt es bei der Nukleation zur Bildung von Molekülclustern, wobei das Verständnis der Nukleation weitestgehend auf Prinzipien der statistischen Mechanik beruht. Die Theorie der homogenen Nukleation basiert auf der Annahme, dass bestimmte thermodynamische Eigenschaften von groben Partikeln eines Stoffes, wie z. B. Oberflächenspannung, bereits bei Clustern mit mindestens 20 Molekülen dieses Stoffes vorhanden sind. Dieser Theorie folgend, wird eine stationäre Verteilung der Clustergröße aufgebaut. Bis zu einer kritischen Clustergröße befinden sich die kleineren Cluster in einem Quasi-Gleichgewicht.[13] Die Clusterbildung wird bei konstanter Temperatur unter anderem durch das Verhältnis des aktuellen Dampfdrucks zum entsprechenden Sättigungsdampfdruck und durch die entsprechende Verdampfungsenthalpie beeinflusst.[14] Im Falle Übersättigung lässt sich in der Clustergrößenverteilung das Maximum eines entsprechenden Clusterradius berechnen. Wächst das Cluster über diesen kritischen Radius hinaus, wird es instabil und wächst weiter an.[15]

Ob die Partikel in flüssiger oder fester Form gebildet werden, d. h. ob sie kondensieren oder resublimieren, hängt von der Temperatur und dem Dampfdruck ab.[16]

Im Allgemeinen ist die homogene Nukleation eines einzelnen Stoffes nur bei hohen Übersättigungsgraden effektiv. Wasserdampf zum Beispiel benötigt zur

[12]WHITBY/SVERDRUP: Kap. 2, Pkt. E, S. 491, Abs. 3.
[13]WARNECK: Abschn. 7.4.3, S. 384, Abs. 1.
[14]WARNECK: Abschn. 7.4.3, S. 384, Abs. 2.
[15]WARNECK: Abschn. 7.4.3, S. 384, Abs. 3.
[16]HIDY/BROCK: Abschn. 9.1D, S. 270, Abs. 3.

homogenen Nukleation ein Verhältnis von aktuellem Dampfdruck zu Sättigungsdampfdruck von 5:1. Diese hohen Werte werden in der Atmosphäre nicht erreicht,
da aufgrund der Anwesenheit von Kondensationskeimen in Form von anderen
Aerosolenpartikeln die heterogene Kondensation überwiegt, weil sie bereits bei
Dampfdruckverhältnissen von 1,05:1 effektiver ist.[17]

Da in der Atmosphäre stets ein heterogenes Gemisch verschiedener Dämpfe
und Partikel vorliegt, ist die heterogene Nukleation bzw. Co-Nukleation wahr-
scheinlicher als die homogene Nukleation. Sobald mindestens zwei verschiedene
Stoffe als Gas vorliegen, kann Co-Nukleation auftreten, obwohl beide Stoffe
noch nicht den Sättigungsdampfdruck erreicht haben.[18] Die Rate der heterogenen
Kondensation hängt dabei von der Oberflächenbeschaffenheit des Kondensations-
keimes ab, einschließlich der Geometrie und der chemischen Eigenschaften.[19]
Auch Ionen können als Kondensationskeime dienen, wobei die Ladung der Ionen
die Nukleationsrate beeinflusst.[20]

Die Entstehungsprozesse von sekundären Aerosolen durch Nukleation
sind teilweise noch wesentlich komplexer: Man geht davon aus, dass z. B. die
Nukleation von H_2SO_4-Partikeln mindestens in einem tertiären System zusammen
mit Wasser und Ammonium-Sulfaten stattfindet.[21]

4.1.1.2 Koagulation

Der Prozess der spontanen Kondensation bei einer homogenen Nukleation wird
von Kollisionen zwischen einzelnen Molekülen, zwischen einzelnen Molekülen
und Molekülclustern sowie zwischen einzelnen Molekülclustern begleitet.
Wenn die Moleküle und die Molekülcluster nach der Kollision aneinander
haften bleiben, wachsen sie an. Diesen Wachstumsvorgang bezeichnet man als
Koagulation.[22]

Ob die Moleküle, Molekülcluster oder Partikel nach einer Kollision
aneinander haften bleiben, hängt von der Oberflächenstruktur der Partikel, sowie
von der Größe der Partikel ab. Wenn flüssige Partikel mit anderen festen oder
flüssigen Partikeln kollidieren, verändert sich die Form der flüssigen Partikel.

---

[17]WARNECK: Abschn. 7.4.3, S. 385, Abs. 2.
[18]WARNECK: Abschn. 7.4.3, S. 385, Abs. 2.
[19]HIDY/BROCK: Abschn. 9.2, S. 280, Abs. 2.
[20]HIDY/BROCK: Abschn. 9.2A, S. 281, Abs. 1.
[21]WARNECK: Abschn. 7.4.3, S. 389, Abs. 2.
[22]HIDY/BROCKS: Abschn. 9.1A, S. 260, Abs. 6.

Zusätzlich wird der Koagulationsvorgang von elektrostatischen Kräften, den Van-der-Waals Kräften und weiteren Kräften beeinflusst.[23]

Die elektrostatische Ladung der Moleküle, Molekülcluster oder Partikel beeinflusst den Koagulationsvorgang: gleiche Ladung stoßen sich ab und mindern dadurch die Koagulationsrate, wohingegen gegensätzliche Ladungen einander anziehen und dadurch die Koagulationsrate steigern.[24]

4.1.2 Mechanismen der Sekundärstaubentstehung

Man kann drei Mechanismen für die sekundäre Entstehung von Partikeln aus Vorläufergasen in der Atmosphäre unterscheiden: die photochemische Oxidation und heterogene Gasreaktionen, die katalytische Oxidation in Gegenwart von Schwermetallen, und die Reaktion von Ammoniak und Schwefeldioxid in Gegenwart von flüssigem Wasser.[25]

Im folgenden Unterpunkt wird beispielhaft die Entstehung von Sekundärpartikeln durch photochemische Reaktionen in der Stratosphäre und in der Troposphäre beschrieben, um einen Eindruck der Komplexität und der Vielfältigkeit der Reaktionen zu vermitteln.

Photooxidantien „entstehen unter dem Einfluss der Sonnenstrahlung aus Stickoxiden (NO und NO_2) und reaktiven Kohlenwasserstoffen [...].“[26] Zu den Produkten der photochemischen Reaktion gehören „Ozon (O_3), die Radikale OH, HO_2 und RO_2 (R steht für organischer Rest), NO_2, NO_3, N_2O_5, HNO_3, Aldehyde und andere Carbonylverbindungen, organische Säuren, Peroxiverbindungen wie Wasserstoffperoxid, Methylhydroperoxid, Peroxiessigsäure, Peroxisalpetersäure, organische Nitrate, Peroxiacetylnitrat (PAN) und andere Peroxinitrate. Als Leitsubstanz des Photosmogs wird Ozon angesehen, da diese Verbindung im Gemisch der Photooxidantien mengenmäßig bei weitem überwiegt.“[27]

---

[23]HIDY/BROCKS: Kap. 10, S. 296, Abs. 2.

[24]HIDY/BROCKS: Abschn. 10.1, S. 299, Abs. 5.

[25]THE ROYAL SWEDISH ACADEMY OF SCIENCE AND THE ROYAL SWEDISH ACADEMY OF ENGINEERING SCIENCES: Abschn. 8.3.3, S. 194 bis S. 195.

[26]GUDERIAN: Abschn. 1.2, S. 47, Abs. 4.

[27]GUDERIAN: Abschn. 3.2.1, S. 208, Abs. 3.

Biogene flüchtige Kohlenwasserstoffe wie z. B. Terpene sind Präkursoren der natürlichen Photooxidantien.[28] Im Gegenteil dazu sind Stickoxide hauptsächlich anthropogenen Ursprungs.[29] Die meisten schwefelhaltigen Verbindungen produzieren während ihres Abbaus kein Ozon oder andere Oxidantien, weshalb sie nicht zu den Präkursoren der Oxidantien gerechnet werden.[30]

Damit photochemische Reaktionen ablaufen können, müssen zwei Bedingungen erfüllt sein: Zum einen muss die Strahlung in einer Wellenlänge vorliegen, die das Absorptionsspektrum des bestrahlten Moleküls trifft und zum anderen muss das bestrahlte Molekül ausreichend Energie aufnehmen, um die chemische Bindung zu spalten. Die Menge an aufgenommener Strahlungsenergie wird durch die sog. photochemische Quantenausbeute beschrieben. Den Vorgang der photochemischen Spaltung nennt man auch Photodissoziation.[31]

Aufgrund verschiedener Faktoren ändert sich die Intensität, die Dauer und der Einstrahlwinkel des Sonnenlichtes im Verlauf eines Jahres, wodurch auch die Photooxidantienchemie beeinflusst wird. Durch den täglichen Wechsel von starker direkter Strahlung zu schwacher indirekter Strahlung, verändert sich der Wellenlängenbereich der eintreffenden Sonnenstrahlen in der Atmosphäre, was den Ablauf der photochemischen Reaktionen maßgeblich beeinflusst. An dieser Stelle soll erwähnt werden, dass auch in Zeiten ohne Sonnenstrahlung (nachts) chemische Prozesse in der Atmosphäre ablaufen, wobei diese Prozesse durch die Reaktionen von NO_3-Radikalen, N_2O_5 und O_3 bestimmt werden.[32] Der nächtliche Abbau von Terpenen durch Ozon scheint bei der Bildung von Sekundärpartikel effektiver zu sein als die photochemische Reaktion am Tag.[33]

Labor- und Feldversuche haben nachgewiesen, dass die Bildung von sekundären Partikeln in der $PM_{0,1}$-Klasse durch Nukleation in atmosphärischer Luft im Dunkeln langsamer abläuft als mit Sonnenlicht.[34] Außerdem hat man beobachtet, dass ab Sonnenaufgang die Konzentration von H_2SO_4-Partikeln und OH-Radikalen ansteigt, wobei die Konzentration von Partikeln der $PM_{0,1}$-Klasse

---

[28]THE ROYAL SWEDISH ACADEMY OF SCIENCE AND THE ROYAL SWEDISH ACADEMY OF ENGINEERING SCIENCES: Abschn. 8.3.3, S. 194, Abs. 2.

[29]GUDERIAN: Abschn. 1.2, S. 48, Abs. 1.

[30]GUDERIAN: Abschn. 3.2.1, S. 209, Abs. 2.

[31]GUDERIAN: Abschn. 3.3.4, S. 350, Abs. 2.

[32]GUDERIAN: Abschn. 3.2.3.2, S. 230, Abs. 5.

[33]GUDERIAN: Abschn. 7.4.2, S. 396, Abs. 1.

[34]WARNECK: Abschn. 7.4.3, S. 389, Abs. 2.

mit einer Verzögerung von einer Stunde nacheilte. Deshalb geht man davon aus, dass die zeitliche Verzögerung der Dauer des Nukleationsvorgangs entspricht.[35]

4.1.2.1 Photochemie der Troposphäre

Die Photochemie der Troposphäre ist auf Wellenlängenbereiche zwischen 290 nm und 800 nm beschränkt, da die Wellenlängen <290 nm des Sonnenlichtes bereits in der Stratosphäre von Ozon absorbiert werden. Da in der Troposphäre nur wenige chemische Verbindungen diesen Wellenlängenbereich absorbieren, sind die Photolyse von O_3, NO_2, HONO und Aldehyden die häufigsten Reaktionen.[36] Die Absorptionsspektren der anderen photolysefähigen Verbindungen überschneiden sich kaum mit dem in der unteren Atmosphäre vorhandenen Wellenlängenbereich, weshalb ihre Photolysefrequenz nur gering ist.[37]

Die Netto-Ozonbildung wird von reaktiven organischen Gasen (ROG), CH_4 und CO beeinflusst, da sie die RO_X-Radikalkettenreaktionen bilden. Diese Kettenreaktionen bestehen aus photochemischen Startreaktionen, RO_X-Radikalketten sowie Abbruchs- oder Terminationsreaktionen. Zu den RO_X-Radikalen werden die organischen Radikale neben OH- und HO_2 gezählt.[38] Als Initiatoren werden die nichtradikalischen Verbindungen bezeichnet, durch deren Photolyse RO_X-Radikale produziert werden.[39] Die Stoffe, die die RO_X-Radikale ineinander überführen, werden Promotoren genannt.[40] Zu den wichtigsten Startreaktionen der Photooxidantienchemie zählen die Photodissoziation von O_3, die Photolyse von Formaldehyd und anderen Carbonylverbindungen, die Photolyse von HONO und die Photolyse von H_2O_2.[41] Durch die Photolyse von O_3, CH_3CHO, HCHO, HONO und NO_2 entstehen reaktive Produkte, unter anderem Radikale, welche die chemischen Abläufe in der Troposphäre antreiben.[42] Aus den meisten organischen Verbindungen hingegen entsteht während ihres troposphärischen Abbaus eine große Anzahl an Zwischenprodukten.[43]

---

[35]WARNECK: Abschn. 7.4.3, S. 391, Abs. 1.
[36]GUDERIAN: Abschn. 3.2.2.3, S. 220, Abs. 3.
[37]GUDERIAN: Abschn. 3.2.2.3, S. 222, Abs. 1.
[38]GUDERIAN: Abschn. 3.2.3.1, S. 224, Abs. 2.
[39]GUDERIAN: Abschn. 3.2.3.1, S. 224, Abs. 2.
[40]GUDERIAN: Abschn. 3.2.3.1, S. 226, Abs. 6.
[41]GUDERIAN: Abschn. 3.2.3.1, S. 224–226.
[42]GUDERIAN: Abschn. 3.2.2.3, S. 222, Abs. 1.
[43]GUDERIAN: Abschn. 3.2.1, S. 212, Abs. 1.

Die chemischen Abläufe in der troposphärischen Photochemie können anhand der beteiligten Stoffe in verschiedene Gruppen unterteilt werden. Die wichtigsten Gruppen und deren photochemischen Reaktionen sind:[44]

- NO_X-Spezies: besonders von salpetriger Säure (HNO_3) und organischen Oxi- und Peroxinitraten (RO_2NO_2),
- organische Spurenstoffe: besonders der Abbau von Methan und Kohlenmonoxid, der Abbau von Nichtmethan-Alkanen, der Abbau von Alkenen, der Abbau von aromatischen Kohlenwasserstoffen, der Abbau von Isopren und Terpenen, die Reaktionen von sauerstoffhaltigen organischen Verbindungen und die Ozonbildung durch organische Spurenstoffe;

Für tiefergehende Informationen wird an dieser Stelle auf entsprechende Fachliteratur verwiesen.

4.1.2.2 Photochemie der Stratosphäre

Die Stratosphäre unterscheidet sich stark von der Troposphäre. Auf der einen Seite herrschen andere Umgebungsbedingungen und auf der anderen Seite sind wesentlich weniger chemische Komponenten vorhanden, weshalb die chemischen Abläufe auf einfache Verbindungen begrenzt sind.[45]

Die meisten chemischen Reaktionen benötigen Aktivierungsenergie für ihren Ablauf. Die Gegebenheiten in der Stratosphäre reichen jedoch nicht aus, um thermische Aktivierungsenergie zu liefern, weshalb die meisten Reaktionen über Radikale ablaufen. Die Radikale stammen entweder aus photochemischen Prozessen oder aus Reaktionen mit der Beteiligung anderer Radikale.[46]

Aufgrund der Bildung von freien Radikalen (z. B. OH, NO, Br und Cl) aus Spurengasen durch chemische oder photochemische Prozesse entstehen sog. katalytische Zyklen.[47] In diesen Zyklen entstehen Reservoirverbindungen. Aus diesen Reservoirverbindungen bilden sich – unter hinreichend tiefen Temperaturen – flüssige oder feste Partikel. Die stärksten Komponenten sind H_2O, H_2SO_4 und HNO_3, aber auch aus HCL und HBr können in flüssigen Partikeln gelöst bzw. an

---

[44]GUDERIAN: Abschn. 3.2, S. 235–260.

[45]GUDERIAN: Abschn 3.3.1, S. 342, Abs.1.

[46]GUDERIAN: Abschn. 3.3.4, S. 349, Abs. 2.

[47]GUDERIAN: Abschn. 3.3.4.2, S. 352, Abs. 1.

der Oberfläche fester Partikel adsorbiert werden. Dies ermöglicht Hydrolyse- und Disproportionierungsreaktionen.[48]

Zyklus der Hydroxyl-Gruppe (HO_x) Das Hydroxyl- (OH^-) und das Peroxyl-Radikal (HO_2) stammen aus chemischen Prozessen.

$$O\left(^1D\right) + H_2O \rightarrow 2\,OH$$

$$H + O_2 + M \rightarrow HO_2 + M$$

$O(^1D)$ ist das elektronisch angeregte, metastabile Sauerstoffatom. M ist ein inerter Stoßpartner, über den die Rekombinationsenergie abgeführt wird, um das Radikal thermisch zu stabilisieren.[49]

Wichtige Reservoirverbindungen sind die Rekombinationsprodukte H_2O_2, NO_2, Salpetersäure (HNO_3) und Peroxosalpetersäure (HNO_4).[50] Daneben sind salpetrige Säure (HONO), Wasserstoffperoxid (H_2O_2), Hypochlorige Säure (HOCl), Wasser (H_2O) und Wasserstoff (H) an dem Zyklus beteiligt.

Zyklus der Stickstoffoxide (NO_x) Die stärkste Quelle für NO_x ist die Reaktion von $O(^1D)$ Atomen mit NO_2 mit einer Ausbeute von 58 % NO.[51]

$$O\left(^1D\right) + N_2O \rightarrow 2\,NO$$

$$\rightarrow N_2 + O_2$$

Die direkte Photolyse von NO_x hingegen führt nicht zur Bildung von NO.[52]

$$N_2O + h\nu\,(\lambda \leq 200\,\mathrm{nm}) \rightarrow N_2 + O\left(^1D\right)$$

Die entstehenden Produkte sind photochemisch instabil bzw. haben Folgereaktionen, dienen aber als temporärer Speicher für die Gesamtaktivität der Katalysatoren.[53] NO und NO_2 moderieren als freie Radikale die Effizienz anderer Katalysatoren aufgrund der schnellen Rekombinationsreaktionen.[54] An dem Zyklus sind salpetrige Säure (HONO), Salpetersäure (HNO_3), Peroxosalpetersäure (HNO_4), Distickstoffpentoxid (N_2O_5) und Chlor(I)-nitrat ($ClONO_2$) beteiligt.

---

[48]GUDERIAN: Abschn. 3.3.5.2, S. 366, Abs. 1.

[49]GUDERIAN: Abschn. 3.3.4, S. 351, Abs. 2.

[50]GUDERIAN: Abschn. 3.3.4.2.1, S. 356, Abs. 4.

[51]GUDERIAN: Abschn. 3.3.4.2.2, S. 357, Abs. 1.

[52]GUDERIAN: Abschn. 3.3.4.2.2, S. 357, Abs. 2.

[53]GUDERIAN: Abschn. 3.3.4.2.2, S. 359, Abs. 2.

[54]GUDERIAN: Abschn. 3.3.4.2.2, S. 358, Abs. 4.

Zyklus der Chlorradikale und Zyklus der Bromradikale (Cl_x und Br_x) Cl-
und Br-Radikale haben hologenierte organische Verbindungen als Präkursoren.[55]
Dabei werden Cl- und Br-Radikale hauptsächlich durch photochemische
Reaktionen gebildet.[56]

$$CY_3X + h\nu \rightarrow CY_3 + X$$

$$(Y = F, Cl; X = Cl, Br; \lambda \leq 220(Cl) \text{ bzw. } 260 \text{ (Br)nm)}$$

Daneben gibt es noch die Reaktion mit $O(^1D)$-Atomen.[57]

$$CY_3X + O(^1D) \rightarrow CY_3O + X$$
$$\rightarrow CY_3 + XO$$

$$(Y = F, Cl; X = Cl, Br)$$

Chlor(I)-nitrat ($ClONO_2$), Chlorwasserstoff (HCl), Hypochlorige Säure (HOCl),
Methylchlorid (CH_3Cl), Methylchloroform (CH_3CCl_3) sind an dem Zyklus
beteiligt. Bromnitrat ($BrONO_2$), Hypobromige Säure (HOBr), Bromchlorid
(BrCl), Bromwasserstoff (HBr), Brommethan (CH_3Br) und Halone sind am
Zyklus beteiligt.

4.2 Natürliche Präkursoren

In diesem Unterkapitel werden verschiedene natürliche Präkursoren aufgeführt.
Dabei werden die Präkursoren näher beschrieben und es werden die wichtigsten
Emittenten genannt.

4.2.1 Schwefelverbindungen

Hinsichtlich der Verweildauer in der Atmosphäre kann man zwei Klassen von
reduzierten Schwefelverbindungen unterscheiden: die labilen Gase Schwefelwasserstoff, Methylmercaptan, Dimethylsulfid sowie Schwefelkohlenstoff und

---

[55]GUDERIAN: Abschn. 3.3.4.3.2, S. 359, Abs. 1.

[56]GUDERIAN: Abschn. 3.3.4.3.2, S. 360, Abs. 1.

[57]GUDERIAN: Abschn. 3.3.4.3.2, S. 360, Abs. 2.

die sehr stabilen Verbindungen mit Verweilzeiten von über einem Jahr, wie
Carbonylsulfid. Zusammen mit SO_2 tragen die genannten Schwefelverbindungen
zur Bildung von Aerosolen bei. Alle reduzierten Schwefelverbindungen außer
COS, werden bereits in der Troposphäre zu SO_2/SO_4^{2-} oxidiert und wirken dem-
entsprechend. Dementgegen werden die langlebigen Carbonylsulfide (COS,
OCS) in die Stratosphäre getragen und werden dort nach Photodissoziation und
Photooxidation eine Quelle für Sulfataerosole.[58]

Schwefel wird durch Stoffe wie z. B. SO_2 in die Stratosphäre eingetragen
und dort zu Schwefelsäure oxidiert.[59] Stratosphärische Sulfataerosole entstehen bei Temperaturen unterhalb von 270 K. Sie stehen in Gleichgewicht mit
Wasserdampf und nehmen bei Temperaturabnahme Wasser auf. Bei typischer
Zusammensetzung der Lösung von 40 bis 75 Gew.-% wird ein Tetrahydrat
(„sulfuric acid tetrahydrate") gebildet.[60]

Schwefeldioxid Als natürliche Quellen für SO_2 sind Ozeane, Sümpfe und
Vulkane zu nennen.[61] Daneben entsteht SO_2 bei der Verbrennung schwefel-
haltiger pflanzlicher Aminosäuren.[62] Durch die Verbrennung von schwefelhaltigen Stoffen, kann es zu Schwefeleinbindungen in der Asche kommen.[63]

Potenzielle Oxidationmittel für SO_2 sind Radikale wie z. B. OH, HO_2, RO_2,
NO_3, das Criege-Intermediat (auch Criege-Zwischenprodukt genannt) und
Ozon.[64] Durch die Oxidation von SO_2 kann SO_3 produziert werden, welches in
der Troposphäre weiter zu H_2SO_4 reagiert.[65]

Schwefelwasserstoff Die größten natürlichen Quellen für H_2S sind Vulkane
und die Zersetzung von organischem Material.[66] Daneben wird Schwefelwasserstoff auch aus den anaeroben Bereichen von Böden und Gewässern, sowie aus
Pflanzen emittiert.[67]

---

[58]GUDERIAN: Abschn. 2.3.2, S. 76, Abs 1.
[59]GUDERIAN: Abschn. 3.3.5.1, S. 365, Abs. 1.
[60]GUDERIAN: Abschn. 3.3.5.1, S. 365, Abs. 2.
[61]GUDERIAN: Abschn. 2.2, S. 68, Abs. 1.
[62]GUDERIAN: Abschn. 2.2, S. 68, Abs. 2.
[63]GUDERIAN: Abschn. 2.2, S. 69, Abs. 2.
[64]WARNECK: Abschn. 7.4.3, S. 390, Abs. 2.
[65]WARNECK: Abschn. 7.4.3, S. 390, Abs. 3.
[66]THE ROYAL SWEDISH ACADEMY OF SCIENCE AND THE ROYAL SWEDISH
ACADEMY OF ENGINEERING SCIENCES: Abschn. 8.3.2, S. 194, Abs. 2.
[67]GUDERIAN: Abschn. 2.3.3, S. 77, Abs.1.

Dimethylsulfid (DMS) Die wichtigste Quelle für Dimethylsulfid (DMS) sind die Ozeane.[68] Daneben tragen biogene terrestrische Quellen nur einen geringen Anteil zur globalen DMS-Emission bei, wobei pflanzliche Quelle diesen Anteil dominieren.[69] Durch die Ozeane werden pro Jahr ca. 40 Mt Schwefel in Form von DMS in die Atmosphäre emittiert.[70] Produkte des DMS-Abbaus sind „non sea spray" Sulfate, „non sea spray" Aerohyd (HCHO), Dimethylsulfoxid (DMSO: CH_3SOCH_3), Methansulfonsäure (MSA: CH_3SO_3H) und Schwefelsäurepartikel.[71]

Carbonylsulfid Bei Carbonylsulfid stellen die Ozeane ebenfalls die größte Quelle dar. Der Anteil von Böden und Marsche, sowie die CS_2-Konversion werden als weitere starke Quellen geschätzt. Außerdem werden organische Schwefelverbindungen von Lebewesen für wichtige Stoffwechselprodukte, wie Aminosäuren und Proteine benötigt, sowie bei Resistenz-, Verteidigungs- und Entgiftungsmechanismen eingesetzt und somit emittiert.[72] Aus biogenen Präkursoren wird über photochemische Prozesse COS gebildet.

Trotz intensiver Forschung ist das globale Quellen/Senken-Verhältnis nicht vollständig bekannt.[73] So wird z. B. diskutiert, wie hoch der Anteil an COS ist, der durch Oxidationsvorgänge aus troposphärischem DMS anzusetzen ist, da er bis zu 30 % der Gesamtemission von COS betragen könnte.[74]

4.2.2 Stickstoffverbindungen

Es besteht ein ständiger Stoffwechsel von Stickstoffverbindungen zwischen Boden, Pflanzen und Tieren. Dabei wird Stickstoff durch Bakterien und Pilze aus organischen Formen zu anorganischen Formen umgewandelt, wobei der anorganische Stickstoff von Pflanzen aufgenommen und wieder in organische Verbindungen umgewandelt wird. Der Kreislauf des organischen Stickstoffs wird geschlossen, indem der Stickstoff aus abgestorbenen Pflanzen direkt im Boden landet oder die Pflanze von weiteren Lebewesen verzehrt und der Stickstoff

---

[68]GUDERIAN: Abschn. 2.3.4, S. 78, Abs. 1.
[69]GUDERIAN: Abschn. 2.3.4, S. 79, Abs. 2.
[70]GUDERIAN: Abschn. 3.2.9, S. 303, Abs. 1.
[71]GUDERIAN: Abschn. 3.2.9, S. 303, Abs. 2.
[72]GUDERIAN: Abschn. 2.3.1, S. 75, Abs. 2.
[73]GUDERIAN: Abschn. 2.3.5, S. 80, Abs. 1.
[74]GUDERIAN: Abschn. 2.3.5, S. 81, Abs. 1.

letztlich ausgeschieden wird.[75] In Böden wird Stickstoff durch Nitrifikation und Denitrifikation in gasförmige Stickstoffverbindungen überführt.[76] Daneben gibt es noch anthropogene Einflussfaktoren, die in den natürlichen Stickstoffkreislauf eingreifen, wie bspw. die Düngung von landwirtschaftlich genutzten Flächen.[77]

Stickstoffoxide Böden sind wichtige Quellen für Stickoxidemissionen.[78] Dabei zählen Bodentemperatur, Bodenwassergehalt und Sauerstoffgehalt, sowie die Bodenbeschaffenheit und die Vegetationsbedeckung zu den bestimmenden natürlichen Größen der Austauschflüsse von NO- und N_2O.[79] Stickoxide werden auch durch Blitzentladungen bei Gewitterereignissen gebildet.[80]

Wenn NO_2 ultraviolettes Sonnenlicht absorbiert, entstehen NO und atomarer Sauerstoff. Der atomare Sauerstoff reagiert mit molekularem Sauerstoff zu O_3, welches wiederum mit NO reagiert und NO_2 formt. Atomarer Sauerstoff reagiert ebenfalls mit reaktiven Kohlenwasserstoffen wodurch Radikale entstehen. Diese Radikale führen zu anderen Reaktionen, wodurch weitere Radikale entstehen, welche dann mit molekularem Sauerstoff, NO und Kohlenwasserstoffen reagieren. NO_2 wird regeneriert, NO verschwindet eventuell, Ozon beginnt zu akkumulieren und reagiert mit Kohlenwasserstoffen. Dadurch entstehen Formaldehyde, andere Aldehyde, Ketone und Peroxyacetylnitrate (PAN).[81] Die Effektivität der katalytischen Reaktion von NO wird durch die langsame Destruktion von NO und NO_2 in Rekombination mit OH und HO_2 bestimmt. In der Stratosphäre werden Salpetersäure (HNO_3) und salpetrige Säure (HNO_2) gebildet.[82]

Ammoniak Global gesehen dominieren biologische Prozesse gegenüber industriellen Prozessen die Emission von Ammoniak. Wichtige natürliche NH_3-Quellen sind Tierhaltung, Ausscheidungen von wildlebenden Tieren, Getreideanbau, natürliche Böden und Ozeane, sowie mikrobielle Zersetzungsprozesse.[83,84]

---

[75]GUDERIAN: Abschn. 2.4.2.1, S. 93, Abs. 1.

[76]GUDERIAN: Abschn. 2.4.2.2, S. 95, Abs. 1.

[77]GUDERIAN: Abschn. 2.4.2.2, S. 99, Abs. 98.

[78]GUDERIAN: Abschn. 2.1.6, S. 68.

[79]GUDERIAN: Abschn. 2.4.2.2, S. 95 bis S. 98.

[80]GUDERIAN: Abschn. 2.4, S. 83, Abs. 1.

[81]THE ROYAL SWEDISH ACADEMY OF SCIENCE AND THE ROYAL SWEDISH ACADEMY OF ENGINEERING SCI-ENCES: Abschn. 8.8.4, S. 241, Abs. 4.

[82]THE ROYAL SWEDISH ACADEMY OF SCIENCE AND THE ROYAL SWEDISH ACADEMY OF ENGINEERING SCI-ENCES: Abschn. 9.4.2, S. 273, Abs. 1.

[83]GUDERIAN: Abschn. 2.1.6, S. 68.

[84]GUDERIAN: Abschn. 2.10, S. 168, Abs. 1.

4.2.3 Flüchtige organische Verbindungen (VOC)

Unter flüchtigen organischen Verbindungen bzw. „Volatile Organic Compounds"
(Kurz VOC) werden eine Vielzahl von Verbindungen zusammengefasst, die unterschiedliche chemische und physikalische Eigenschaften haben, wie z. B. Alkane,
Alkene, Alkine und Aromaten, Alkohole, Ether, Aldehyde, Ketone, Ester, verschiedene Halogenkohlenwasserstoffe. Eine einheitliche Definition fehlt, jedoch
wird oft das Kriterium verwendet, dass die Organika bei einer Temperatur von
20 °C einen Dampfdruck von mehr als 0,13 kPa aufweisen.[85] In der Fachliteratur
existieren noch feinere Abgrenzungen, wie z. B. BVOC („biogenic volatile
organic compounds") und BOVOC („biogenic oxygenated volatile organic
compounds").[86]

Die wichtigsten biogenen Emissionen unter den Kohlenwasserstoffen sind
Methan, Isopren und Monoterpene.[87] Betrachtet man die Emissionen an natür-
lichen Präkursoren für die sekundäre Entstehung von Staubaerosolen, stehen
Methan und andere VOC mengenmäßig im Vordergrund.[88]

Wesentliche Quellen und Entstehungsursachen für natürliche VOC sind:[89]

- Methanogenese von Archaeen z. B. in Feuchtlandschaften und Deponien, im
  Verdauungstrakt von Wildtieren und in Sedimenten von Gewässern,
- Biosyntheseprozesse von Pflanzen (Isopren, verschiedene Terpene, diverse
  VOC),
- biologische Prozesse in aquatischen und terrestrischen Ökosystemen (genaue
  Abläufe und emittiertes Stoffspektrum sind nicht gänzlich erforscht).

Daneben können unverbrannte sowie teiloxidierte VOC, wie z. B. Alkane,
Aromaten und Aldehyde bei Verbrennungsprozessen emittiert werden. Außerdem
kann es aufgrund von Radikalreaktionen zur Neubildung von Alkenen, Alkinen
und Aromaten kommen.[90]

---

[85]GUDERIAN: Abschn. 2.8, S. 129, Abs. 1.
[86]GUDERIAN: Abschn. 2.8.2.1, S. 143, Abs. 1.
[87]GUDERIAN: Abschn. 2.8.2.2, S. 148, Abs. 1.
[88]GUDERIAN: Abschn. 2.1.6, S. 67.
[89]GUDERIAN: Abschn. 2.1.6, S. 67.
[90]GUDERIAN: Abschn. 2.8.1.1, S. 130, Abs. 1.

Untersuchungen haben gezeigt, dass Alkane, Alkene und Carbonyle keine Aerosole generieren, wenn sie eine Struktur mit einer geraden Kette haben. Generell produzieren die meisten Alkene keine Aerosole, wenn SO_2 nicht an der Reaktion beteiligt ist. Die Aerosol-Produktion von Alkenen steigt, sobald das Molekül mehr als sechs Kohlenstoffatome enthält. Alkadiene, Cycloalkene und Terpene sind effektivere Aerosol-Produzenten und dabei unabhängig von SO_2.[91] Die meisten Produkte weisen eine Struktur auf, die aus dem Öffnen des cyclischen Aufbaus der Edukte entsteht.[92]

Starke Quellen für Ethan, Propan und Butan sind natürliche Gasvorkommen. Außerdem wird eine große Menge an Ethan durch Biomasseverbrennung freigesetzt.[93] Die Stärke von marinen biogenen Quellen wird kontrovers diskutiert.[94] Eine starke biogene Quelle für Ethen, Propen und Buten ist die terrestrische Vegetation, vor allem Wälder.[95] Daneben sind Böden und Ozeane weitere Emittenten für Ethen und Propen.[96]

Monoterpene und Isoprene Die wichtigsten biogenen Emissionen sind flüchtige Monoterpene und Isopren, daneben stellen Sesquiterpene ebenfalls einen geringen Anteil. Monoterpene und Isoprene gehören chemisch gesehen zur Gruppe der Isoprenoiden, auch Terpenoiden genannt. Isoprenoide zeichnen sich durch mindestens eine charakteristische C5-Einheit aus, dem sog. Isopren. Anhand der Anzahl der Isoprengruppen werden Isoprenoide in verschiedene Klassen eingeteilt.[97] Isopren ist unter den natürlichen Emissionen die einzige Verbindung aus der Gruppe der Hemiterpene, wohingegen Monoterpene als zahlreiche Isomere emittiert werden. Diese Isomere können von azyklischer, mono-, bi- und trizyklischer Struktur sein. Außerdem können die Isomere aus reinem Kohlenstoff bestehen oder eine sauerstofftragende Gruppe enthalten.[98] Monoterpene und Isoprene sind ungesättigt und deshalb sehr reaktiv, weshalb ihre Lebenszeit in der Atmosphäre nur wenige Minuten bis einige Stunden beträgt.

---

[91]GUDERIAN: Abschn. 7.4.3, S. 392, Abs. 2.
[92]GUDERIAN: Abschn. 7.4.3, S. 394, Abs. 1.
[93]GUDERIAN: Abschn. 2.8.2.3, S. 153, Abs. 2.
[94]GUDERIAN: Abschn. 2.8.2.3, S. 154, Abs. 2.
[95]GUDERIAN: Abschn. 2.8.2.3, S. 154, Abs. 3.
[96]GUDERIAN: Abschn. 2.8.2.3, S. 155, Abs. 1.
[97]GUDERIAN: Abschn. 2.8.2.2, S. 144, Abs. 2.
[98]GUDERIAN: Abschn. 2.8.2.2, S. 145, Abs. 1.

Sie beeinflussen direkt und indirekt die Konzentration von anderen Gasen, fördern den Säureeintrag und tragen dadurch zur Bildung von Aerosolen bei.[99]

Isopren und Monoterpene kommen in Pflanzen, Tieren und Mikroorganismen vor. Monoterpene sind ein wichtiger Bestanteil der Terpentinöle und der ätherischen Öle. Die Abgabe von Isoprenoiden aus Pflanzen schwankt enorm und kann selbst innerhalb einer Art sehr stark variieren. Dabei haben Temperatur, Strahlung, genetische Unterschiede, Provenienzen, Ökotypen und Wuchsbedingungen einen starken Einfluss auf die Menge und die Zusammensetzung der emittierten Isoprenoiden. Insgesamt sind die Aussagen über die Menge und die Zusammensetzung von pflanzlichen Emissionen mit großer Unsicherheit behaftet.[100]

Organische Säuren Die Quellen und Bildungsmechanismen von organischen Säuren in der Atmosphäre sind noch ungewiss, aber der globale Anteil der direkten Emission an Carbonsäuren aus Biomasseverbrennung wird als gering eingeschätzt.[101] Organische Säuren können aufgrund ihres hohen Partialdrucks sowohl in gasförmiger als auch in flüssiger Form in der Atmosphäre vorliegen, wobei langkettige Säuren tendenziell eher an Partikel gebunden sind.[102, 103] Die direkte Emission von Carbonsäuren durch Bäume ist belegt. Daneben wird der Vegetation ein großer Anteil an der indirekten Emission von Carbonsäure durch die Emission von Vorläuferstoffen, wie z. B. Isopren, zugeschrieben.[104,105] Es mehren sich Belege dafür, dass Böden ebenfalls eine Quelle niederer Carbonsäuren sind.[106]

Aufgrund ihrer Löslichkeit ist die Lebenszeit von Carbonsäuren an den atmosphärischen Wasserkreislauf gekoppelt und beträgt vermutlich nur einige Tage.[107] 60 % der Acidität von Niederschlägen abseits von industriellen Regionen wird durch organische Säuren verursacht. Selbst in Regionen mit verschmutzter

---

[99]GUDERIAN: Abschn. 2.8.2.2, S. 144, Abs. 1.
[100]GUDERIAN: Abschn. 2.8.2.2, S. 149, Abs. 1.
[101]GUDERIAN: Abschn. 2.8.2.3, S. 157, Abs. 2.
[102]GUDERIAN: Abschn. 2.8.2.3, S. 156, Abs. 2.
[103]GUDERIAN: Abschn. 2.8.2.3, S. 155, Abs. 3.
[104]GUDERIAN: Abschn. 2.8.2.3, S. 157, Abs. 2.
[105]GUDERIAN: Abschn. 2.8.2.3, S. 158, Abs. 1.
[106]GUDERIAN: Abschn. 2.8.2.3, S. 158, Abs. 1.
[107]GUDERIAN: Abschn. 2.8.2.3, S. 157, Abs. 1.

Luft kann der Anteil der organischen Säuren an der Acidität des Niederschlags bis zu 30 % betragen. Den größten Einfluss auf den pH-Wert der nassen Deposition haben Ameisen- und Essigsäuren.[108]

Carbonylverbindungen Carbonylverbindungen nehmen eine wichtige Rolle in atmosphärischen Umsetzungsprozessen ein, indem sie photochemische Oxidationsreaktionen, wie z. B. die photolytische Spaltung der Aldehyde oder die troposphärische Ozonbildung beeinflussen.[109] Signifikante biogene Quellen für atmosphärische Carbonylverbindungen sind die Biomasseverbrennung, z. B. von Laub, sowie die direkte Emission von Carbonylverbindungen und die Emission von Vorläuferstoffen durch Pflanzen.[110] Daneben sind Insekten und tierische Exkremente weitere direkte biogene Quellen für Aldehyde.[111] Die wichtigsten biogenen Vorläuferstoffe für Aldehyde sind oxidierte Terpene und Isopren. Der wichtigste biogene Vorläuferstoff für Formaldehyd ist Methan. Daneben gibt es viele weitere Reaktionen und Umlagerungsprozesse, die zur Bildung von Aldehyden führen.[112]

Alkohole, Ester und Ether Die natürliche Emission von vielen dieser Stoffe wird normalerweise Blütenduft zugeschrieben, wobei die Emissionsraten in den meisten Fällen unbestimmt sind. Eine Reihe von eindeutig biogen emittierten Alkoholen, Estern und Äthern sind identifiziert, deren Anzahl auf mindestens einige hundert geschätzt wird.[113] Der Anteil an sog. Blattalkoholen und Blattestern an den vegetativen Emissionen von VOC kann je nach Pflanzenart zwischen wenigen Prozenten bis hin zu 100 % betragen.[114]

4.2.4 Chlor

Ozeane emittieren Chlorid.[115]

---

[108]GUDERIAN: Abschn. 2.8.2.3, S. 155, Abs. 2.

[109]GUDERIAN: Abschn. 2.8.2.3, S. 158, Abs. 1.

[110]GUDERIAN: Abschn. 2.8.2.3, S. 159, Abs. 1.

[111]GUDERIAN: Abschn. 2.8.2.3, S. 160, Abs. 2.

[112]GUDERIAN: Abschn. 2.8.2.3, S. 160, Abs. 1.

[113]GUDERIAN: Abschn. 2.8.2.3, S. 162, Abs. 2.

[114]GUDERIAN: Abschn. 2.8.2.3, S. 163, Abs. 1.

[115]GUDERIAN: Abschn. 2.1.6, S. 68.

Natürliche Staubmengen 5

Nachdem in den vorangegangenen Kapiteln die Entstehung von natürlichem Staub erläutert wurde, werden in diesem Kapitel Angaben zu den Mengen der natürlichen Staubemissionen zusammengetragen. Dabei werden Schätzungen von verschiedenen Autoren gesammelt und analysiert. Die Emissionen von Primär- und Sekundärpartikeln werden getrennt behandelt. Die Angaben gelten in den meisten Fällen für Partikel mit einem Durchmesser kleiner oder gleich 20 µm. Für jede Staubsorte wird eine tabellarische Übersicht gegeben.

Die Schätzungen der Autoren können in Angaben von einzelnen Werten der Emissionsmengen bzw. Angaben von Bereichen der Emissionsmengen unterschieden werden. Aus den Angaben der Autoren wurden Durchschnittswerte der einzelnen Werte bzw. der Bereiche berechnet und es wird angegeben, in welchen Wertebereichen sich die Angaben bewegen. Für jede Staubsorte wurde der niedrigste und der höchste Schätzwert identifiziert und es wurde ein Mittelwert aus den Angaben bestimmt. Die Werte wurden teilweise gerundet.

Die Schätzwerte zu den Emissionsmengen von Sekundärpartikeln können in Angaben zur Masse von Sekundärpartikeln und in Angaben zur Emissionsmenge von Präkursoren unterschieden werden, wobei die Angaben zu den Präkursorenmengen weiter unterschieden werden können in Angaben zur Masse der betrachteten Verbindungen und Angaben zur Emissionsmenge eines bestimmten chemischen Elements. Bei der Berechnung des Durchschnitts und bei der Angabe der Wertebereiche wurden die Angaben der absoluten Präkursorenmenge und die Angaben zur Emissionsmenge des Elements nicht unterschieden.

R. Trierweiler, *Staub,* essentials, https://doi.org/10.1007/978-3-658-31551-1_5

Teilweise stammen die Werte aus Sammlungen von anderen Autoren, wie z. B. Warneck[1], Bach[2] oder Goudie und Middleton[3].

5.1   Natürliche Primärstaubmengen

In diesem Unterkapitel werden verschiedene Schätzwerte zu den Mengen der natürlichen Primärstaubemissionen zusammengetragen.

Mineralischer Staub In Tab. 5.1 sind die Angaben der Autoren aufgelistet.

Vegetationsbrände In Tab. 5.2 sind die Angaben der Autoren aufgelistet.

Meeressalz In Tab. 5.3 sind die Angaben der Autoren aufgelistet.

Vulkane In Tab. 5.4 sind die Angaben der Autoren aufgelistet.

Kosmischer Staub In Tab. 5.5 sind die Angaben der Autoren aufgelistet.

Biogenes Material In Tab. 5.6 sind die Angaben der Autoren aufgelistet.

5.2   Natürliche Sekundärstaubmengen und Präkursorenmengen

In diesem Unterkapitel werden Angaben zu den Mengen der natürlichen Sekundärstaubmengen und Präkursorenmengen zusammengetragen.

Schwefelverbindungen und H_2S In Tab. 5.7 werden die Schätzwerte für die Emissionsmenge der Präkursoren und in Tab. 5.8 werden die Schätzungen für die Masse an Sekundärpartikeln angegeben.

Stickstoffverbindungen, NH_4, NH_3 und NO_X In Tab. 5.9 werden die Schätzwerte für die Emissionsmenge der Präkursoren und in Tab. 5.10 werden die Schätzungen für die Masse an Sekundärpartikeln angegeben.

Flüchtige organische Verbindungen (VOC), Kohlenwasserstoffe aus Pflanzenexsudaten (vegetative Quellen) und aus anderen natürlichen Quellen In Tab. 5.11 werden die Schätzwerte für die Emissionsmenge der Präkursoren und in Tab. 5.12 werden die Schätzungen für die Masse an Sekundärpartikeln angegeben.

---

[1]WARNECK: Abschn. 7.4.5, S. 402, Tab. 7.12.
[2]BACH: S. 432, Tab. 3.
[3]GOUDIE/MIDDLETON: S. 60, Tab. 4.3.

Tab. 5.1 Mineralischer Staub

Jahr	Autor [Sammlung]	Quellenstärke [Mt/a]		Methode
		Wert	Bereich	
1971	GOLDBERG [WARNECK]		100–500	Um die Emission von mineralischem Staub schätzen zu können, hat Goldberg die Rate von Ansammlungen an äolischen Partikeln in Gletschern und Tiefsee-Sedimenten extrapoliert und ist zu einem Bereich zwischen 100 und 500 Mt/a gelangt Erstens nimmt Goldberg Werte von H.L. Windom für Ansammlungen von Staub in Schneefeldern. Er nimmt eine durchschnittliche Depositionsrate von 0.1 mm/10^3 Jahren an und bezieht dies auf die gesamte Erdoberfläche. Er setzt eine Dichte von 2 g/cm^3 voraus und errechnet eine jährliche Emission von 100 Mt/a Zweitens nimmt Goldberg Daten von verschiedenen Autoren und errechnet eine durchschnittliche globale Staubmasse in der Atmosphäre von 5 µg/m^3. Des Weiteren trifft er die Annahmen, dass Staub sich bis in eine Höhe von 5000 m in der Atmosphäre ausbreitet und dass es zu 40 Wash-outs pro Jahr kommt. Es resultiert ein Staubniederschlag von 5×10^{14} g/m^3 Drittens nimmt Goldberg einen Wert von 0.1 g/$(cm^2 * 10^3$ a) für die Ablagerung von Partikeln in der Tiefsee und an Land. Er errechnet daraus einen Partikeleintrag in die Atmosphäre von 500 Mt/a
1971	ROBINSON und ROBBINS	200		Robinson und Robbins haben anhand von Berechnungen, die auf Steady-State Konzentrationen basieren, einen Wert von 200 Mt/a für Partikel veröffentlicht[a]
1971	PETERSON und JUNGE	250		Über die Extrapolation von Daten über die Menge an windgetragenem, natürlichem und landwirtschaftlichem Staub über den Vereinigten Staaten von Amerika gelangen Peterson und Junge auf einen Wert von 250 Mt/a für Partikel[a]

(Fortsetzung)

Tab. 5.1 (Fortsetzung)

Jahr	Autor [Sammlung]	Quellenstärke [Mt/a]		Methode
		Wert	Bereich	Methode
1971	HIDY und BROCK [WARNECK]		7–365	Hidy und Brock übernahmen Schätzungen von S. Judson im Bereich von 7 bis 365 Mt/a
1973	J.H. JOSPEH et al. [BACH]		64–192	J.H. Joseph et al. haben den Eintrag von mineralischen Staubpartikeln durch Chamsine geschätzt, global extrapoliert und gelangen auf Werte von 128 ± 64 Mt/a und 200 ± 100 Mt/a
			100–300	
1980	SCHÜTZ [GOUDIE/ MIDDLETON]	5000		
1980	PETRENCHUK [WARNECK]	8000		
1986	D'ALMEIDA [GOUDIE/ MIDDLETON]		1800– 2000	
1994	TEGEN und FUNG [GOUDIE/ MIDDLETON]	3000		
1994	VDI[b]	200		
1995	ANDREAE [WARNECK]	1500		
1995	DUCE [GOUDIE/ MIDDLETON]		1000– 2000	
1999	MAHOWALD et al.	3000		
2003	LUO et el. [GOUDIE/ MIDDLETON]	1654		
2003	ZENDER et al. [GOUDIE/ MIDDLETON]	1490		

Tab. 5.1 (Fortsetzung)

Jahr	Autor [Sammlung]	Quellenstärke [Mt/a]		Methode
		Wert	Bereich	Methode
2004	GINOUX et al. [GOUDIE/ MIDDLETON]		1950– 2400	
2004	LIAO et al. [GOUDIE/ MIDDLETON]	1784		
2004	MILLER et al. [GOUDIE/ MIDDLETON]	1019		
2007	SCHNELLE-KREIS et al.	2150		Schnelle-Kreis et al. schätzen die Emission von Primärpartikel aus Erdkrustenmaterial im Jahr 2000 auf 2150 Mt/a. Sie beziehen sich auch auf andere Veröffentlichungen und nennen einen Bereich von 1000 bis 3000 Mt/a[c]
			1000– 3000	
Durchschnitt		2249	753– 1345	
Wertebereich		200– 8000	7–3000	
Min/Max		7/8000		
Mittelwert		1587,07		

[a]SMIC: S. 190, Abs. 1
[b]DREYHAUPT: S. 85, Tab.: Quellenstärken für natürliche und anthropogene Aerosol-Emission
[c]SCHNELLE-KREIS et al.: S. 222, Tab. 1

Tab. 5.2 Vegetationsbrände

Jahr	Autor [Sammlung]	Quellenstärke [Mt/a] Wert	Bereich	Methode
1970	HIDY und BROCK [WARNECK]	146		Hidy und Brock haben Schätzungen anhand von angenommenen Mengen an Partikelemissionen in den Verbrennungsprodukten von Waldbränden in den Vereinigten Staaten von Amerika extrapoliert. Sie haben einen Faktor für die Partikelemission von 2×10^{22} pro Acre[a] mit einem durchschnittlichen Gewicht von $1,3 \times 10^{-16}$ g pro Partikel und der durchschnittlichen Fläche, die jährlich in den USA dem Vegetationsbrand erliegen, multipliziert und dann den globalen Wert von 146 Mt/a konservativ geschätzt
1971	ROBINSON und ROBBINS	3		Anhand von Extrapolationen aus angenommenen Daten für die Menge an Partikelemissionen in den Verbrennungsprodukten von Waldbränden in den Vereinigten Staaten von Amerika, gelangten Robinson und Robbins zu einer globalen Menge von 3 Mt/a für Partikel <=20 µm. Sie haben andere Annahmen für die Partikelmenge in den Verbrennungsprodukten sowie andere Faktoren für die globale Extrapolation verwendet als Hidy und Brock[b]
1971	PETERSON und JUNGE [WARNECK]	35		
1980	SEILER und CRUTZEN [WARNECK]		72–117	
1980	GILLETTE	16		Gillette nimmt Werte von D. Ward für die Partikelemission von Vegetationsbränden in den U.S.A und führt eine globale Extrapolation durch. Er trifft dabei die Annahme, dass die globale Emissionsrate 400 % der U.S.-amerikanischen Emission beträgt. Er gelangt zu einem Wert von 16 Mt/a[c]
Durchschnitt		50	72–117	
Wertebereich		3–146	72–117	
Min/Max		3/146		
Mittelwert		64,83		

[a]1 Acre entspricht 4047 m²
[b]SMIC: S. 190, Abs. 2
[c]GILLETTE: S. 356, Abs. 1

Tab. 5.3 Meersalzpartikel

Jahr	Autor [Sammlung]	Quellenstärke [Mt/a]		Methode
		Wert	Bereich	
1959	ERIKSSON	300		Eriksson schätzte die Menge an Meeressalzpartikeln, die pro Jahr in die Atmosphäre gelangen mit 1000 Mt/a, wobei die meisten Partikel wieder schnell ins Meer fallen und nur 100 Mt/a über Land depositioniert werden. Er hat die Depositionsmenge über Land auf die gesamte Erdoberfläche mit dem Verhältnis von Wasser: Land von 2:1 extrapoliert und erhält eine jährliche Depositionsmenge 300 Mt/a[a]
1970	SCEP[b] [BACH]	70	1000–2000	
1971	PETERSON und JUNGE [WARNECK]	1000		
1971	HIDY und BROCK [WARNECK]	1095		Hidy und Brock haben aus Erikssons Wert für die jährliche Sulfat-Emission von 130×10^6 Tonnen über den Gewichtsanteil von 7,7 % von Sulfat an der Masse von Meersalz umgerechnet auf Meersalzemission von $4,6 \times 10^6$ Tonnen pro Tag. (1679 Mt/a) Sie haben den Wert von Junge für die Meersalzaerosolproduktion von $1/(cm^2$ Meeresoberfläche*sec) umgerechnet auf eine Meeresaerosolproduktion von 2×10^6 Tonnen pro Tag. (730 Mt/a). Anschließend haben sie einen Mittelwert gebildet und einen Schätzwert von 1095 Mt/a geäußert

Tab. 5.3

Jahr	Autor [Sammlung]	Quellenstärke [Mt/a]		Methode
		Wert	Bereich	
1980	PETRENCHUK [WARNECK]	1916		Petrenchuk gibt Schätzungen für einen Meeressalzkreislauf von Partikeln mit Radien <=20 μm ab und bezieht sich dabei auf Schätzungen von anderen Forschern. Insgesamt werden 1916 Mt/a in die Atmosphäre gehoben, wobei 1300 Mt/a die Sub-Cloud-Schicht (250 m über NN) und 810 Mt/a die Cloud-Schicht (500 m über NN) erreichen
1994	VDI[c]	500		
1995	ANDREAE [WARNECK]	1300		
2007	SCHNELLE-KREIS et al.	3344	1018– 6100	Schnelle-Kreis et al. haben Schätzwerte für die globale Emissionsmenge von Seesalzpartikeln <1 μm von 54 Mt/a und einen Bereich von 18–100 Mt/a geäußert. Für Seesalzpartikel im Größenbereich von 1–16 μm haben sie eine globale Emissionsmenge von 3290 Mt/a geäußert und einen Bereich von 1000 bis 6000 Mt/a genannt. Insgesamt kommen sie auf eine globale Emissions-menge von 3344 Mt/a und einen Bereich von 1018 bis 6100 Mt/a[d]
Durchschnitt		1191	1009– 4050	
Wertebereich		70– 3334	1000– 6100	
Min/Max		70/6100		
Mittelwert		1.636,92		

[a]SMIC: S. 190, Abs. 3
[b]Report of the study of critical environment problems
[c]DREYHAUPT: S. 85, Tab.: Quellenstärken für natürliche und anthropogene Aerosol-Emission
[d]SCHNELLE-KREIS et al.: S. 222, Tab. 1

Tab. 5.4 Vulkane

Jahr	Autor [Sammlung]	Quellenstärke [Mt/a]		Methode
		Wert	Bereich	
1970	J.M. MITCHELL JR. [BACH]	4,2		
1971	GOLDBERG	150		Anhand der Rate von Montmorillionit-Ansammlungen in Tiefsee-Sedimenten schätze Goldberg die Menge an vulkanischem Auswurf auf 150 Mt/a. Dabei hat er angenommen, dass die Depositionsrate auf der gesamten Oberfläche gleich ist und 0,3 mm/10^3 a beträgt, dass die durchschnittliche Dichte dieses Materials 2 g/cm^3 beträgt und dass der Wassergehalt der Sedimente 50 % beträgt[a]
1971	PETERSON und JUNGE [WARNECK]	25		Peterson und Junge erweiterten die Daten von J.M. Mitchell Jr und gelangtem zu einem Wert von 25 Mt/a. J.M. Mitchell Jr. hat die Partikelemission durch vulkanische Aktivität für einen Zeitraum von 120 Jahren rekonstruiert und daraus einen Durchschnittswert gebildet
1971	HIDY und BROCK [WARNECK]	3,65		Verwenden Werte von H.T. Stearns für die Magma-Eruptionen des Vulkans Kilauea auf Hawaii, nehmen einen Durchschnitt für das Verhältnis von Magma zu Asche bei einer Eruption an und schätzen, dass 50 % der Asche einer Eruption als Wolke in der Atmosphäre gelöst werden. Sie kommen auf eine Aerosolemission von 3,65 Mt/a. Bei einer größeren Eruption könnte es aber auch das Zehnfache sein
1980	GILLETTE		4–150	Gillette bezieht sich auf Werte von W. Bach und nennt eine Emissionsrate zwischen 4 und 150 Mt/a[b]
1994	VDI[c]	100		

Tab. 5.4

Jahr	Autor [Sammlung]	Quellenstärke [Mt/a]		Methode
		Wert	Bereich	
1995	ANDREAE [WARNECK]	33		
Durchschnitt		53	4–150	
Wertebereich		3,65–150	4–150	
Min/Max		3,65/150		
Mittelwert		58,73		

[a]SMIC: S. 190, Abs. 4
[b]GILLETTE: S. 356, Abs. 4
[c]DREYHAUPT: S. 85, Tab.: Quellenstärken für natürliche und anthropogene Aerosol-Emission

Tab. 5.5 Kosmischer Staub

Jahr	Autor [Sammlung]	Quellenstärke [Mt/a]		Methode
		Wert	Bereich	
1969	J.M. ROSEN [BACH]		1–10	
1971	PETERSON und JUNGE [WARNECK]	10		
1971	HIDY und BROCK [WARNECK]		0,018–0,201	Übernehmen Schätzwert von N. Bhandari et al. von 5 bis 550 Tonnen pro Tag, bzw. 0,018–0,201 Mt/a
Durchschnitt		10	0,059–5,1005	
Wertebereich		10	0,018–10	
Min/Max		0,018/10		
Mittelwert		4,24		

Tab. 5.6 Biogenes Material

Jahr	Autor [Sammlung]	Quellenstärke [Mt/a]		
		Wert	Bereich	Methode
1978	JAENICKE [WARNECK]	80		
1978	DUCE [WARNECK]	26		
1995	ANDREAE [WARNECK]	50		
Durchschnitt		52		
Wertebereich		26–80		
Min/Max		26/80		
Mittelwert		52		

Tab. 5.7 Natürliche Emissionen von Schwefelverbindungen und H_2S

	Jahr	Autor [Sammlung]	Quellenstärke [Mt/a]		
			Wert	Bereich	Methode
Schwefelver-bindungen	1971	HIDY und BROCK [WARNECK]		36,5–365	Hidy und Brock geben einen Bereich von 36,5 bis 365 Mt/a an, wobei dieser Bereich auf der Annahme basiert, dass 60 % des natürlichen Schwefelkreislaufs aus H_2S und SO_2 in der Atmosphäre zu Sulfaten oxidiert werden. Umgerechnet entspricht dies einer jährlichen Emission von 60,83 bis 608,33 Mt/a
				60,83–608,33	
	1980	PETRENCHUK [WARNECK]	3000		Petrenchuk nimmt Messwerte für den Schwefelgehalt in Niederschlägen und führt eine globale Extrapolation durch. Dabei verwendet er verschiedene Faktoren und bezieht das Verhältnis von Wasser zu Land auf der Erdoberfläche mit ein. Er errechnet einen Wert von 3000 Mt/a

Tab. 5.7

Jahr	Autor [Sammlung]	Quellenstärke [Mt/a]		Methode
		Wert	Bereich	
1992	ANDREAE und JAESCHKE[a]		40–90	
1997	ANDREAE und CRUTZEN[b]	90		
1998	ANDRES und KASGNOC	12,58		Die Werte von Andres und Kasgnoc dienen als Grundlage für die Simulation GLOMAP. Sie geben einen Wert von 12,58 Mt S/a für die SO_2-Emission von kontinuierlich und sporadisch eruptierenden Vulkanen an[c]
2000	KETTLE und ANDREAE	18,6		Kettle und Andreae geben einen Wert von 18,6 Mt S/a für die Emission von DMS aus dem Meer an[c]
2007	SCHNELLE-KREIS et al.	34,3	20–61,6	Schnelle-Kreis et al. geben für die Emission von SO_2 aus Vulkanen einen Wert von 9,3 Mt S/a und einen Bereich von 6 bis 20 Mt S/a an. Für DMS und H_2S aus Ozeanen geben sie einen Wert von 24 Mt S/a und einen Bereich von 13 bis 36 Mt S/a an. Für DMS und H_2S aus Land-Biota und Böden geben sie einen Wert von 1 Mt S/a und einen Bereich von 0,4 bis 5,6 Mt S/a an. Insgesamt ergibt sich ein Wert von 34,3 Mt S/a und ein Bereich von 20 bis 61,6 Mt S/a[d]
Durchschnitt		632,1	39,3–281,23	
Wertebereich		12,58–3000	20–608,33	

Tab. 5.7

	Jahr	Autor [Sammlung]	Quellenstärke [Mt/a]		
			Wert	Bereich	Methode
	Min/Max		12,58/3000		
	Mittelwert		341,36		
H$_2$S	1971	PETERSON und JUNGE [WARNECK]	370		Peterson und Junge haben angenommen, dass 66 % des H$_2$S zu Ammoniumsulfat umgewandelt werden und kamen auf einen Wert von 244 Mt/a. Umgerechnet entspricht dies einer jährlichen H$_2$S-Emission von ca. 370 Mt/a
	1971	GOLDBERG	130		Goldberg schätzt die Emission an H$_2$S aus Vulkanen und aus biologischen Quellen auf einen Wert von 130 Mt/a. Er nimmt dabei an, dass die Menge aus natürlichen Quellen gleich der von ihm berechneten Menge ist, die durch die Verbrennung von fossilen Energieträgern entsteht[e]
	1971	HIDY und BROCK [WARNECK]	109,5		Hidy und Brock übernehmen Schätzwert für H$_2$S aus abgestorbenen Pflanzen und Tieren von E. Robinson und R.C. Robbins von 109,5 Mt/a
	Durchschnitt		203,16		
	Wertebereich		109,5–370		
	Min/Max		109,5/370		
	Mittelwert		203,16		

[a]GUDERIAN: S. 75, Abs. 1
[b]ANDREAE/CRUTZEN: S. 1056, Abs. 1
[c]SCHMIDT: S. 47, Abschn. 3.2, Abs. 1
[d]SCHNELLE-KREIS et al.: S. 223, Tab. 2
[e]SMIC: S. 191, Abs. 1

Tab. 5.8 Sekundärpartikel aus natürlichen Emissionen von Schwefelverbindungen und H_2S

	Jahr	Autor [Sammlung]	Quellenstärke [Mt/a]		Methode
			Wert	Bereich	
Schwefel-ver-bindungen	1971	PETERSON und JUNGE [WARNECK]	421		Peterson und Junge haben angenommen, dass 66 % des H_2S zu Ammonium-sulfat umgewandelt werden und kamen auf einen Wert von 244 Mt/a. Unter der Annahme, dass 100 % der Meersalzpartikel zu Natriumsulfat umgewandelt werden, errechneten sie einen Wert von 177 Mt/a. Insgesamt ergibt sich aus den beiden Schätzungen ein Wert von 421 Mt/a, davon 335 Mt/a <5 μm
	1994	VDI[a]	300		
	Durchschnitt		360,5		
	Wertebereich		300–421		
	Min/Max		300/421		
	Mittelwert		360,5		
H_2S	1971	ROBINSON und ROBBINS[b]	200		
	Durchschnitt		200		
	Wertebereich		200		
	Min/Max		200		
	Mittelwert		200		

[a]DREYHAUPT: S. 85, Tab.: Quellenstärken für natürliche und anthropogene Aerosol-Emission
[b]SMIC: S. 190, Abs. 5

Tab. 5.9 Natürliche Emissionen von Stickstoffverbindungen, NH_4, NH_3 und NO_X

	Jahr	Autor [Sammlung]	Quellenstärke [Mt/a]		
			Wert	Bereich	Methode
Stickstoffverbindungen	2007	SCHNELLE-KREIS et al.	20,9		Schnelle-Kreis et al. nennen einen Schätzwert für NO_x und NH_3 aus Gewittern, natürlichen Böden, Wildtieren und Ozeanen von 20,9 Mt N/a. Sie beziehen sich auch auf andere Autoren und nennen einen Bereich zwischen 9 und 47 Mt N/a
	Durchschnitt		20,9		
	Wertebereich		20,9		
	Min/Max		20,9		
	Mittelwert		20,9		
NH_4	1971	ROBINSON und ROBBINS[a]	270		
	1971	PETERSON und JUNGE [WARNECK]	80		
	Durchschnitt		175		
	Wertebereich		80–270		
	Min/Max		80/270		
	Mittelwert		175		

Tab. 5.9

	Jahr	Autor [Sammlung]	Quellenstärke [Mt/a]		Methode
			Wert	Bereich	Methode
NH_3	1994	BOUWMAN et al.	13		Bouwman et al. geben Schätzwert für die gesamte natürliche Emission von NH_3 durch natürliche Böden (2,9 Mt/a), Ozeane (10 Mt/a) und wildlebende Tiere (0,1 Mt/a) im Jahre 1990 von 13 Mt/a ab[b]
	2007	SCHNELLE-KREIS et al.	10,7	4–27	Schnelle-Kreis et al. schätzen für natürliche Böden, Wildtiere und Ozeane eine Emissionsmenge von 10,7 Mt N/a. Sie beziehen sich auch auf andere Autoren und nennen Bereich zwischen 4 und 27 Mt N/a[c]
	Durchschnitt		11,85	4–27	
	Wertebereich		10,7–13	4–27	
	Min/Max		4/27		
	Mittelwert		13,68		
NO_X	1971	ROBINSON und ROBBINS[d]	430		
	1971	PETERSON und JUNGE [WARNECK]	60		
	Durchschnitt		245		
	Wertebereich		60–430		
	Min/Max		60/430		
	Mittelwert		245		

[a]HIDY/BROCK: S. 1090, Abs. 3
[b]GUDERIAN: S. 172, Tab. 2.10.4
[c]SCHNELLE-KREIS et al.: S. 223, Tab. 2
[d]SMIC: S. 191, Abs. 2

Tab. 5.10 Sekundärpartikel aus natürlichen Emissionen von Stickstoffverbindungen und NH_3

	Jahr	Autor [Sammlung]	Quellenstärke [Mt/a] Wert	Bereich	Methode
Stick-stoffver-bindungen	1971	PETERSON und JUNGE [WARNECK]	75		Peterson und Junge wenden ein Verfahren an, dass sie auch für die sekundären Aerosole aus Stickstoff-verbindungen aus anthropogenen Quellen angewendet haben. Sie errechneten einen Wert von 75 Mt/a
	1971	HIDY und BROCK [WARNECK]	635		Hidy und Brock übernehmen Wert von Robinson und Robbins für Stickstoffaerosole aus biologischem Zerfall von 270 Mt/a und für die Oxidation von NO_x zu NO_3 von 365 Mt/a. Insgesamt ergibt sich ein Schätzwert von 635 Mt/a
	1974	P. WARNECK [BACH]	160		
	1994	VDI[a]	300		
	2007	SCHNELLE-KREIS et al.	22	9–47	Schnelle-Kreis et al. nennen einen Schätzwert für NO_x und NH_3 aus Gewittern, natürlichen Böden, Wildtieren und Ozeanen von 20,9 Mt N/a. Sie beziehen sich auch auf andere Autoren und nennen einen Bereich zwischen 9 und 47 Mt N/a[b]
	Durchschnitt		238,4	9–47	
	Wertebereich		22–635	9–47	
	Min/Max		9/635		
	Mittelwert		178,29		
NH_3	1971	HIDY und BROCK[c]	255,5		
	Durchschnitt		255,5		
	Wertebereich		255,5		
	Min/Max		255,5		
	Mittelwert		255,5		

[a]DREYHAUPT: S. 85, Tab.: Quellenstärken für natürliche und anthropogene Aerosol-Emission
[b]SCHNELLE-KREIS et al.: S. 223, Tab. 2
[c]HIDY/BROCK: S. 1092, Tab. 2

Tab. 5.11 Natürliche Emissionen von flüchtigen organischen Verbindungen (VOC)

	Jahr	Autor [Sammlung]	Quellenstärke [Mt/a]		Methode
			Wert	Bereich	Methode
Flüchtige organische Ver-bindungen	1960	F.W. WENT [BACH]	154		F.W. Went schätzt die Emission von VOC durch Vegetation und Böden auf 154 Mt/a
	1965	RASMUSSEN und WENT[a]		200–400	
	1971	PETERSON und JUNGE [WARNECK]	75		
	1971	HIDY und BROCK [WARNECK]		182,5– 1095	Hidy und Brock übernehmen Schätzwerte von F. Went von 182,5 bis 1095 Mt/a für die Emission von Kohlenwasser-stoffen aus Pflanzenexsudaten und nennen diesen Bereich als Gesamtemission von Kohlen-wasserstoffen aus natürlichen Quellen
	1997	ANDREAE und CRUTZEN[b]		30–270	
	2007	SCHNELLE-KREIS et al.	127		Schnelle-Kreis et al. schätzen die Emission von Terpenen ohne die biogene Emission von Isopren und oxidierten VOC auf 127 Mt C/a und nennen einen Bereich zwischen 40 bis 400 Mt C/a[c]
				40–400	
	Durchschnitt		118,6	113,1– 541,25	
	Wertebereich		75– 154	30–1095	
	Min/Max		30/1095		
	Mittelwert		270,32		

Tab. 5.11 (Fortsetzung)

	Jahr	Autor [Sammlung]	Quellenstärke [Mt/a]		
			Wert	Bereich	Methode
Kohlen-wasser-stoffe Aus Pflanzen-exsudaten	1960	WENT[d]	182,5		
	1968	WENT	1095		Went erhöht seinen Schätzwert im Jahre 1968 auf 1095 Mt/a[d]
	1971	ROBINSON und ROBBINS	200		Robinson und Robbins geben einen Schätzwert von 200 Mt/a an, wobei dieser Wert von F. Went abgeleitet ist[e]
	1971	PETERSON und JUNGE [WARNECK]	75		Peterson und Junge geben einen Schätzwert von 75 Mt/a an. Auch dieser Wert wurde von F. Went abgeleitet
	1999	KESSELMEIER und STAUDT		302–983	Kesselmeiner und Staudt schätzen, dass 127 bis 480 Mt C/a als Mono-terpene und 175 bis 503 Mt C/a als Isopren emittiert werden. Ins-gesamt nennen sie einen Bereich von 302 und 983 Mt C/a[f]
	Durchschnitt		388,1	302–983	
	Wertebereich		75–1095	302–983	
	Min/Max		75/1095		
	Mittelwert		472,92		
Kohlen-wasser-stoffe aus Anderen natür-lichen Quellen	1988	BONSANG et al.	30		Bonsang et al. schätzen die Gesamtemission von Ethan, Propan und Butan auf insgesamt 30 Mt/a[g]
	1991	CRUTZEN	500		Crutzen schätzt die Emission von Kohlenstoff aus Methan auf 500 Mt C/a[f]

Tab. 5.11 (Fortsetzung)

Jahr	Autor [Sammlung]	Quellenstärke [Mt/a]		Methode
		Wert	Bereich	Methode
1995	RUDOLPH	12,4		Rudolph schätzt die Emission von Ethan, Propan und Butan aus natürlichen Gasvorkommen auf 6 Mt/a. Die Emission von Ethan aus Biomasseverbrennung schätzt er auf 6,4 Mt/a[h]
1995	DÜLMER et al.	1		Dülmer et al. schätzen die globale Gesamtemission von Ethan, Propan und Butan auf 1 Mt/a[g]
Durchschnitt		135,85		
Wertebereich		1–500		
Min/Max		1/500		
Mittelwert		135,85		

[a]GUDERIAN: S. 147, Abs. 3
[b]ANDREAE/CRUTZEN: S. 1056, Abs. 1
[c]SCHNELLE-KREIS et al.: S. 223, Tab. 2
[d]HIDY/BROCK: S. 1089, Abs. 8
[e]SMIC: S. 191, Abs. 3
[f]GUDERIAN: S. 148, Abs. 1
[g]GUDERIAN: S. 154, Abs. 2
[h]GUDERIAN: S. 153, Abs. 3

5.3   Zusammenfassung

In Tab. 5.13 werden die Angaben über die natürlichen Primärstaubemissionen zusammengefasst. Aufgelistet sind Minimum, Maximum und Mittelwert der Angaben zu den Quellstärken. Am Ende wurden die Angaben summiert.

In Tab. 5.14 werden die Angaben über die natürlichen Sekundärstaubemissionen zusammengefasst. Aufgelistet sind Minimum, Maximum und Mittelwert der Angaben zu den Quellstärken. Am Ende wurden die Angaben summiert, wobei die Angaben für Sekundärpartikel aus Stickstoffverbindungen und für Sekundärpartikel aus NH_3, sowie die Angaben für Sekundärpartikel aus Schwefelverbindungen und für Sekundärpartikel aus H_2S gemittelt wurden.

Tab. 5.12 Sekundärpartikel aus natürlichen Emissionen von flüchtigen Kohlenwasser-stoffen (VOC)

	Jahr	Autor [Sammlung]	Quellenstärke [Mt/a]		
			Wert	Bereich	Methode
VOC	1976	BACH	75		Nimmt Wert von F. Went für die Emission von VOC. Unter der Annahme, dass 50 % davon zu Aerosolen umgewandelt werden, schätzt Bach einen Wert von 75 Mt/a[a]
	1994	VDI[b]	200		
	Durchschnitt		137,5		
	Wertebereich		75–200		
	Min/Max		75/200		
	Mittelwert		137,5		

[a]BACH: S. 433
[b]DREYHAUPT: S. 85, Tab.: Quellenstärken für natürliche und anthropogene Aerosol-Emission

Tab. 5.13 Übersicht Primärstaubmengen

Quelle	Angabe	Quellenstärke [Mt/a]
Mineralischer Staub	Min/Max	7/8000
	Mittelwert	1.587,07
Vegetationsbrände	Min/Max	3/146
	Mittelwert	64,83
Meeressalz	Min/Max	70/6100
	Mittelwert	1.636,92
Vulkane	Min/Max	3,65/150
	Mittelwert	58,73
Kosmischer Staub	Min/Max	0,018/10
	Mittelwert	4,24
Biogenes Material	Min/Max	26/80
	Mittelwert	52
Primärpartikel,	**Min/Max**	**109,67/14.486**
Total	**Mittelwert**	**3.403,79**

Tab. 5.14 Übersicht Sekundärstaubmengen

Quelle	Angabe	Quellenstärke [Mt/a]
Sekundärpartikel aus Schwefelverbindungen	Min/Max	250/310,5
	Mittelwert	280,25
Sekundärpartikel aus Stickstoffverbindungen	Min/Max	132,25/445,25
	Mittelwert	216,9
Sekundärpartikel aus Kohlenstoffverbindungen	Min/Max	75/200
	Mittelwert	137,5
Sekundärpartikel, Total	**Min/Max**	**457,25/955,75**
	Mittelwert	**634,65**

Tab. 5.15 Natürliche Staubmengen

Quelle	Angabe	Quellenstärke [Mt/a]
Primärpartikel, Total	Min/Max	109,67/14.486
	Mittelwert	3.403,79
Sekundärpartikel, Total	Min/Max	457,25/955,75
	Mittelwert	634,65
Staubpartikel, Gesamt	**Min/Max**	**566,92/15.441,75**
	Mittelwert	**4.038,44**

In Tab. 5.15 werden die Angaben über die natürlichen Staubemissionen zusammengefasst. Aufgelistet sind Minimum, Maximum und Mittelwert der Angaben zu den Quellstärken. Am Ende wurden die Angaben summiert.

Für die jährliche Primärstaubmenge ergibt sich aus den Angaben ein Mittelwert von 3.403,79 Mt/a. Die Schätzung von H.W. Ellsaesser (1975) mit 1730 Mt/a liegt 49,17 % unter diesem Wert.[4]

Für die jährliche Sekundärstaubmenge ergibt sich ein aus den Angaben ein Mittelwert von 634,65 Mt/a. Die Schätzung von H.W. Ellsaesser (1975) mit 1319 Mt/a liegt 107,83 % über diesem Wert.[5]

---

[4]BACH: S. 432, Tab. 3.
[5]BACH: S. 432, Tab. 3.

Tab. 5.16 Natürliche
Präkursorenmengen

Präkursoren	Angabe	Quellenstärke [Mt/a]
Schwefelver- bindungen, Gesamt	Min/Max	61,04/1685
	Mittelwert	272,26
Stickstoffver- bindungen, Gesamt	Min/Max	82,45/373,95
	Mittelwert	227,29
Kohlenstoffver- bindungen, Gesamt	Min/Max	53/1345
	Mittelwert	439,55
Präkursoren, Total	**Min/Max**	**196,49/3.403,95**
	Mittelwert	**939,1**

Insgesamt ergibt sich aus den Angaben für die natürlichen Staubmengen ein Mittelwert von 4.038,44 Mt/a. Die Schätzung von H.W. Ellsaesser (1975) mit 3039 Mt/a liegt 24,75 % unter diesem Wert.[6]

In Tab. 5.16 werden die Angaben über die natürlichen Präkursorenmengen zusammengefasst. Aufgelistet sind die Summen der niedrigsten und der höchsten Schätzwerte (Min/Max) und die Summen der berechneten Mittelwerte. Am Ende wurden die Angaben summiert und gerundet, wobei die Angaben für Schwefelverbindungen und H_2S im gleichen Verhältnis gemittelt wurden, wobei die Summe aus den Angaben für NH_4, NH_3 und NO_X mit den Angaben zu Stickstoffverbindungen im gleichen Verhältnis gemittelt wurden und die Summe aus den Angaben für Kohlenwasserstoffe aus Pflanzenexsudaten und den Angaben für Kohlenstoffe aus anderen natürlichen Quellen mit den Angaben für flüchtige organische Kohlenwasserstoffe im gleichen Verhältnis gemittelt wurden.

Es ergibt sich rechnerisch ein Mittelwert für die emittierte Präkursorenmenge von 939,1 Mt/a. Der Mittelwert für die Mengen an Sekundärpartikeln aus Tab. 5.15 beträgt 634,65 Mt/a. Aus diesen beiden Werten lässt sich eine allgemeine Konversionsrate von 67,58 % errechnen.

---

[6]BACH: S. 432, Tab. 3.

Fazit 6

Es wurde festgestellt, dass die Definition von Staub kontextabhängig ist. Eine einheitliche Definition von Staub ist nicht vorhanden und teilweise werden die Definitionen so stark vereinfacht wiedergegeben, dass sie nicht mehr korrekt sind. Daneben ist die Unterscheidung zwischen natürlichen und anthropogenen Staubquellen unklar und einige Staubarten können nicht eindeutig zugeordnet werden.

Die Entstehungsmechanismen von Primärstaubpartikeln sind bekannt und relativ gut erforscht, wohingegen die Entstehungsmechanismen von Sekundärtaubpartikeln teilweise noch unbekannt sind und Forschungspotenzial bieten. Auch die Quellen und Senken der Präkursoren sind nicht vollständig gesichert.

Betrachtet man die Schätzungen zu den natürlichen Staubmengen, zeigt sich ein ähnliches Bild. Die Angaben zu den Primärstaubmengen weisen eine enorme Bandbreite auf. Für manche Angaben wurden einzelne lokale Messungen oder Schätzungen global extrapoliert, was erhebliche Unsicherheit mit sich bringt. Im Zusammenhang mit Sekundärstaubmengen werden einerseits Sekundärpartikelmengen und andererseits Präkursorenmengen genannt. Die Konversionsraten von Präkursorenmengen zu Sekundärpartikelmengen sind ungewiss.

Betrachtet man das Thema Aerosole allgemein, stellt man fest, dass es noch einige Punkte mit Forschungsbedarf gibt. Grundlegende physikalische Prozesse werden noch nicht als gesichert angesehen. Daneben sind noch Herausforderungen mit der Messtechnik zu lösen.

Was Sie aus diesem *essential* mitnehmen können

Nach der Lektüre dieses *essentials* kennen Sie die wichtigsten Begriffe zum Thema Staub und haben einen Eindruck von der Emissionsmenge der natürlichen Staubquellen.

Literatur

ANDREAE, M. O., CRUTZEN, P.J. 1997: „Atmospheric Aerosols: Biogeochemical Sources and Role in Atmospheric Chemistry", Erschienen in: SCIENCE, Vol. 276:1052–1058.

BACH, Wilfrid 1976: "Global air pollution and climate change", Erschienen in: Rev. Geophys. Space Phys., VOL 14, 429–474.

BAUMBACH, Günter 1990: „Luftreinhaltung", 1. Auflage, Verlag: Springer Verlag Berlin Heidelberg, ISBN 978-3-540-52677-3.

BIBLIOGRAPHISCHES INSTITUT 2019(a): „Duden: anthropogen", https://www.duden.de/rechtschreibung/anthropogen, zuletzt aufgerufen am 09.09.2019.

BIBLIOGRAPHISCHES INSTITUT 2019(b): „Duden: biogen", https://www.duden.de/rechtschreibung/biogen, zuletzt aufgerufen am 09.09.2019.

BIBLIOGRAPHISCHES INSTITUT 2019(c): „Duden: kosmisch", https://www.duden.de/rechtschreibung/kosmisch, zuletzt aufgerufen am 15.09.2019.

BIBLIOGRAPHISCHES INSTITUT 2019(d): „Duden: natürlich", https://www.duden.de/rechtschreibung/natuerlich_folgerichtig_zwanglos_echt, zuletzt aufgerufen am 09.09.2019.

BIBLIOGRAPHISCHES INSTITUT 2019(e): „Duden: terrestrisch", https://www.duden.de/rechtschreibung/terrestrisch, zuletzt aufgerufen am 15.09.2019.

DEUTSCHES INSTITUT FÜR NORMIERUNG 1993: „DIN EN 481:1993".

DREYHAUPT, Franz Joseph [HRSG.] 1994: „VDI-Lexikon Umwelttechnik", 1. Auflage, Springer Verlag Berlin Heidelberg, ISBN 978-3-642-95751-2.

DEUTSCHES UMWELTBUNDESAMT 2018: „German Informative Inventory Report", https://iir-de-2018.wikidot.com/11-b-forest-fires, zuletzt aufgerufen am 09.09.2019.

EKL (Eidgenössische Kommission für Lufthygiene), CERCL'AIR 2019: „Feinstaub: Hintergrund", https://feinstaub.ch/was-ist-feinstaub/hintergrund, zuletzt aufgerufen am 27.11.2019.

EUROPEAN ENVIRONMENT AGENCY 2016: „Suspended particulates (TSP/SPM)", https://www.eea.europa.eu/publications/2-9167-057-X/page021.html, zuletzt aufgerufen am 09.09.2019.

GILLETTE, D. A. 1980: "Major contribution of natural primary continental aerosols: source mechanisms", Erschienen in: Ann. N.Y. Acad. Sci. 338, 348–358.

GOLDBERG, E. D. 1971: "Atmospheric dust, the sedimentary cycle and man", Erschienen in: Geophysics 3, 117–132.

GOUDIE, A. S., MIDDLETON, N. J. 2006: "Desert Dust in the Global System", 1. Auflage, Springer Verlag Berlin Heidelberg Nex York, ISBN-10 3-540-32354-6.

GUDERIAN, Robert [HRSG.] 2000: „Handbuch der Umweltveränderungen und Ökotoxikologie, Band 1A: Atmosphäre", 1. Auflage, Springer Verlag Berlin Heidelberg, ISBN: 3-540-66184-0.

HIDY, G. M., BROCK, J. R. 1970: "International Reviews in Aerosol Physics and Chemistry, Volume 1: The Dynamics of Aerocolloidal Systems", 1. Auflage, Pergamon Oxford, LCCN 70-104120.

HIDY, G. M., BROCK, J. R. 1971: "An assessment of the global resources of troposhpaeric aerosol", Washington, D.C.: Second international Clean air congress, December 1970, Paper ME-26-A.

KALTSCHMITT, Martin, HARTMANN, Hans, HOFBAUER, Hermann 2016: „Energie aus Biomasse", 3. Auflage, Springer Verlag Berlin Heidelberg, ISBN 978-3-662-47437-2.

KASANG, Dieter (a): „Entstehung und atmosphärisches Verhalten von Aerosolen", https://bildungsserver.hamburg.de/aerosole/2533642/aerosole-entstehung-artikel/, zuletzt aufgerufen am 09.09.2019.

KASNAG, Dieter (b): „Sekundäre Aerosole", https://bildungsserver.hamburg.de/aerosole/2533668/aerosole-sekundaere-artikel/, zuletzt aufgerufen am 09.09.2019.

PETRENCHUK, O. P. 1980: "On the budgets of sea salt and sulfur in the atmosphere", Erschienen in: J. Geophys. Res. 85, 7439–7444.

SCHMIDT, Anja 2013: „Modelling Tropospheric Volcanic Aerosol", Springer Verlag Berlin Heidelberg, ISBN 978-3-642-34839-6.

SCHNELLE-KREIS, Jürgen, SKLORZ, Martin, HERRMANN, Hartmut, ZIMMERMANN, Ralf (2007): "Atmosphärische Aerosole – Quellen, Vorkommen, Zusammensetzung", Verlag: Wiley-VCH Verlag Weinheim, erschienen in „Chemie in unserer Zeit" 2007 Heft 9.

SPOHN, Tilman, BREUER, Doris, JOHNSON, Torrence 2019: "Encyclopedia of the Solar System", 3. Edition, Verlag: Elsevier, ISBN: 978-0-12-415845-0.

THE ROYAL SWEDISH ACADEMY OF SCIENCE AND THE ROYAL SWEDISH ACADEMY OF ENGINEERING SCIENCES 1971: "Inadvertent Climate Modification – Report of the Study of Man´s Impact on Climate (SMIC)", 1. Edition, Verlag: The MIT Press, Cambridge, Massachusetts and London, England, ISBN: 0-262-19101-6.

TUCKERMANN, Rudolf 2005: „Atmosphärenchemie", http://www.pci.tu-bs.de/aggericke/PC5-Atmos/Aerosole.pdf, zuletzt aufgerufen am 09.09.2019.

VBG (Verwaltungs-Berufsgenossenschaft) Sachgebiet Glas und Keramik 2019: „DGUV (Deutsche Gesetzliche Unfallversicherung): E-Staub", https://www.dguv.de/staub-info/was-ist-staub/e-staub/index.jsp, zuletzt aufgerufen am 12.12.2019.

VRAGL, Marlen 2006: „Charakterisierung einer Laserstreulichtapparatur zum Nachweis von Eiskristallen unter simulierten atmosphärischen Bedingungen", https://www.imk-aaf.kit.edu/downloads/dt_mv.pdf, zuletzt aufgerufen am 09.09.2019.

WARNECK, Peter 2000: „Chemistry of the Natural Atmosphere", 2. Edition, Verlag: Academic Press, ISBN: 0-12-735632- 0.

WHITBY, Kenneth T, SVERDRUP, George M. 1980: "California Aerosols: Their physical and chemical Characteristics", Verlag: Wiley, erschienen in: "Advances in environmental science and technology" Heft 9.

ÖSTERREICHISCHES UMWELTBUNDESAMT 2019: „Staub – Allgemein", https://www.umweltbundesamt.at/umweltsituation/luft/luftschadstoffe/staub/, zuletzt aufgerufen am 09.09.2019.

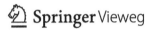

Printed in the United States
By Bookmasters